공부 잘하는 아이로 키우는 7단계 질문법

부모의
남다른
질문력

정재영 지음

길벗

"우리는 왜 똑같은 질문만 할까?"

저희 아이가 초등학교 2~3학년 때였던 것 같습니다. 어느 날 저와 아내는 당혹감에 휩싸였습니다. 질문력이 형편없는 부모라는 걸 뼈아프게 자각했으니 당혹스럽지 않을 수 없었죠.

부모의 질문 수준이 아이의 사고력 수준을 결정한다고 믿었기 때문에, 저희 부부는 질문을 정성껏 궁리해서 자주 묻는 걸 중시했습니다. 그런데 매일 수십 번씩 아이에게 쏟아낸 질문 대부분이 암기력을 체크하는 단순한 질문이었다는 걸 깨닫게 된 것입니다. 이를테면 이런 질문들이었죠.

"이 꽃 이름이 뭐니? 저 꽃은? 놀랍다. 어떻게 그걸 다 알아?"
"세종대왕이 몇 년도에 한글을 완성했지?"
"'컴퓨터'의 영어 스펠링을 말할 수 있겠니?"

신선하지도 창의적이지도 않은, 그저 암기력만 확인하는 질문들입니다.

국내외 자료를 읽으며 공부하다가 알게 된 것인데, 부모가 자녀에게 할 수 있는 질문의 종류는 아주 많더군요. "엄마를 사랑하니?"처럼 정서적인 질문이나 "어디 가니?"처럼 정보 요구 질문을 제외하고도 7가지로 분류 가능합니다. 기억, 이해, 활용, 분석, 평가, 창의, 성찰 질문이 그것입니다.

그리고 이 7가지 질문에는 위계가 있습니다. '기억'에서 '성찰'의 순서로 나아갈수록 질문의 수준이 높아지는 것입니다.

질문의 7가지 종류와 단계

이 질문 단계는 미국의 교육심리학자 벤저민 블룸(Benjamin Bloom)의 이론(6단계 인지기능론)에 제가 마지막 단계인 '성찰'을 추가한 것입니다. 차차 설명하겠지만, 성찰 질문은 메타인지 질문을 뜻합니다.

7단계 질문 중에서 저희 부부가 아이에게 주로 했던 질문은 가장 밑바닥의 기억 질문입니다. 꽃 이름과 영어 철자 등을 암기했는지 확인하는 질문을 10년 가까이 반복했을 뿐 그보다 높은 수준의 질문으로 좀처럼 나아가지 못했습니다. 그 사실을 깨달았으니 저나 아내가 당혹하고 후회되고 미안할 수밖에 없었던 것입니다.

물론 암기는 중요합니다. 가령 한글 자모음, 알파벳, 구구단, 기본 규칙은 반드시 기억해야 합니다. 그렇게 하지 않으면 학습과 사회생활이 불가능하겠죠. 기억이 삶과 공부의 기반이니까요.

하지만 암기만으로는 부족합니다. 인간은 기억 저장 장치가 아닙니다. 곳간의 곡식을 분류하고 손질해서 맛있는 음식을 만들듯 머릿속의 지식을 다듬어서 창의적으로 활용할 수 있어야 합니다. 그때 필요한 것이 이해력, 활용 능력, 분석력, 평가 능력, 창의성, 성찰 능력입니다. 이처럼 다양한 사고력을 기르는 데 부모의 질문이 압도적인 역할을 합니다.

예를 들어서 설명해보겠습니다. 세종대왕의 업적 중에서 한글 창제를 주제로 7단계 질문을 하는 게 가능합니다.

(1) 기억 질문: "세종대왕이 한글을 창제한 것은 몇 년도이지?"

(2) 이해 질문: "세종대왕은 왜 한글을 만들기로 했을까?"

(3) 활용 질문: "신형 휴대폰에 예쁜 한글 이름을 붙일 수 있겠니?"

(4) 분석 질문: "한글 자음은 발음기관의 모양을 본 따 만들었다는 거 아니?"

(5) 평가 질문: "세종대왕만큼 중요한 역사적 인물이 또 없을까?"

(6) 창의 질문: "한글이 창제되지 않았다면 우리 삶은 어땠을까?"

(7) 성찰 질문: "우리는 한글을 정말로 사랑하고 있을까?"

천재가 아닌 한 그 어떤 부모도 저 많은 질문을 한꺼번에 생각해 낼 수 없습니다. 또 7단계 질문을 모두 아이에게 쏟아 부어야 하는 건 더더욱 아닙니다. 다양한 질문 중 한두 가지씩 골라서 물어보는 것으로 충분합니다. 그러면 질문 성격에 따라 아이의 특정 사고력을 자극할 수 있습니다.

각 질문이 자극하는 사고력의 종류가 다릅니다. 한글 창제 연도를 묻는 기억 질문은 암기 능력을 강화합니다. 이해 질문은 세종대왕의 의도나 당시 사회상을 살피는 지적 노력을 요구합니다. 그리고 활용 질문은 한글에 대한 지식을 실생활에 적용하는 연습을 시키죠.

그리고 분석 질문은 한글 자음들이 혀, 목구멍, 앞니 등과 어떻게 닮았는지를 분석하도록 이끌고, 평가 질문은 이순신이나 광개토대왕과 같은 위인들을 세종대왕과 비교하게 합니다. 한글 대신 영어나 한자를 쓰는 상황을 상상하게 하는 것은 창의 질문입니다. 끝으로, 성찰 질문은 영어가 남발되는 우리의 현실을 돌아보게 만들 겁니다.

또 다른 예를 들어보겠습니다. 《신데렐라》를 읽은 뒤에도 7단계 질문을 할 수 있습니다.

(1) 기억 질문: "중요한 사건이 뭐야? 또 누가 누가 나오니?"

(2) 이해 질문: "요정은 왜 신데렐라를 도왔을까?"

(3) 활용 질문: "네 친구 중에서 신데렐라처럼 밝고 씩씩한 아이는 누구니?"

(4) 분석 질문: "왜 신데렐라처럼 발이 작아야 미인이라고 생각할까?"

(5) 평가 질문: "《인어공주》와 비교하면 어때? 어느 게 더 재미있어?"

(6) 창의 질문: "재미없다고? 너라면 어떻게 결말을 바꿀 거야?"

(7) 성찰 질문: "책을 읽는 동안 너는 어떤 감정들을 느꼈어?"

기억 질문에서 성찰 질문까지 각각 다양한 사고를 독려합니다. 가령 이해 질문은 요정의 마음을 살피고 추론하게 이끌고, 평가 질문은 두 가지 동화를 양팔저울에 올려 비교하게 하며, 창의 질문은 나만의 결말을 상상해보라고 제안합니다.

자녀가 동화책을 읽고 나면 어떤 질문을 하시나요? 잘 생각해보시면, 내용을 묻는 게 보통이고 잘해야 교훈이 무엇인지 정도만 더 물어보고 끝냅니다. 저도 오랫동안 그랬습니다. 하지만 그런 낮은 수준에서 질문을 멈추면 안 됩니다. 더 수준 높은 질문들을 던져야 아이의 사고력이 풍성해집니다. 고급 사고력 질문을 경험하지 못한 아이는 지적으로 왜소합니다. 다양한 영양소를 섭취하지 못한 아이의 몸처럼 지적 능력이 허약해지는 것입니다.

관건은 부모의 질문력 수준인데, 질문 능력을 높이기 위해서는 무엇보다 질문의 종류가 많다는 사실을 부모 스스로 숙지하는 게 중요합니다. 질문 종류는 최소 7가지입니다. 걱정하지 마십시오. 복잡하지 않으니까요. 이 책에서 차근차근, 그리고 충분한 예를 들어가면서 설명할 것입니다.

질문력 향상을 위해서는 부모의 자신감도 필요합니다. 지식이 부족해서 좋은 질문을 할 수 없을 거라는 걱정은 당장 갖다 버려야 해요. 지식이 결핍되어서 다양한 질문을 못 하는 게 아닙니다. 제가 아는 교수 부모도 자녀에게 제대로 된 질문을 못 하고 쩔쩔맵니다. 지식이 많고 적음과는 상관없이, 누구든 연습하면 다채로운 질문이 가능합니다. 이해하고 분석하고 창조하고 싶은 욕구는 모두에게 있으니, 그걸 질문화하여 아이와 나누기만 하면 되는 것입니다. 자신감을 가지세요. 아이를 위한 질문은 이미 여러분 마음속에 다 있습니다.

이 책에 소개된 7단계 질문의 개수는 600개가 훨씬 넘습니다. 주로 10여 년 전부터 공부해온 국내외 자녀교육서를 참고해서 제가 창작한 것들입니다. 또 여러 권의 자녀교육서를 직접 쓰면서 저에게 쌓인 경험도 활용했습니다. 이 질문들이 재료가 되고 마중물이 되면 좋겠습니다. 아이의 성향에 맞춘 질문 개인화의 재료로 쓰십시오. 또 어릴 때부터 마음속에 있던 질문을 끌어올리는 마중물로 활용해도 됩니다. 여유를 갖고 신나게 질문 답변 놀이를 즐겨보세요. 주변 지인들의 경험으로는 수 주일 내에도 감격적인 결과가 나옵니다. 부모의 질문이 아이의 사고력 수준을 몰라보게 높일 수 있습니다.

| 차 례 |

3장 활용 능력을 높이는 질문

4장 분석력을 높이는 질문

5장 평가 능력을 높이는 질문

6장 창의성을 높이는 질문

1
기억력을
높이는 질문

기억력
새로운 정보를 뇌에 저장하거나
저장한 정보를 떠올리는 능력

기억 질문의 기본 패턴
"그것(이름, 명칭, 연도, 사건 등)을
기억하니?"

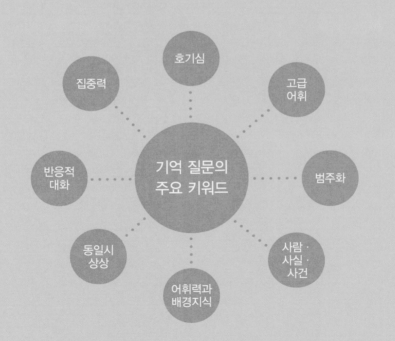

호기심을 자극해 뇌 컨디션을 최상으로 만든다

"와~ 이거 정말 신기하지 않니?"

아이를 똑똑하고 행복하게 만드는 간단한 질문이 있습니다.

"이것 봐. 신기하지 않니?"

바로 호기심을 자극하는 질문입니다. 이런 질문을 들으면 아이는 맛있는 디저트를 본 듯 눈이 동그래집니다.

당연한 말이지만, 호기심이 많은 아이가 학습 능력이 뛰어납니다. 호기심은 더 많은 정보를 스폰지처럼 흡수하게 만드니까요. 반면, 그 무엇도 궁금해하지 않는 아이는 딱딱한 돌멩이처럼 흡수력이 약해서 지식 습득이 느릴 수밖에 없습니다.

공부에만 호기심이 중요한 게 아닙니다. 호기심은 행복의 원천도 됩니다. 놀라운 일이 많아야 신나고 행복할 수 있기 때문이죠. 신기한 것도 없고 알고 싶은 것도 없으면 삶은 무척 지루할 것입니다.

아이에게 학습 능력과 행복감을 선물하려면 호기심을 키워줘야 합니다. 하지만 "넌 호기심이 부족해. 호기심 좀 길러"라고 명령한다고 될 일은 절대 아니죠. 부모가 먼저 시범을 보이는 방법밖에는 없어요. 열심히 궁리하고 연습해서 이렇게 질문해야 하는 것이죠.

- ☺♥ "우와~ 이건 참 놀랍지 않니? 세상에는 신비로운 일이 너무나 많다."
- ☺♥ "어린 기린은 엉덩이가 베개라는 거 아니? 다 큰 기린은 보통 서서 잠을 자지만 어린 기린은 누워서 잔대. 그런데 목이 길어서 머리를 폭신한 자기 엉덩이에 척 올릴 수 있다는 거야. 그러니까 어린 기린은 베개를 갖고 다니는 거야. 신기하고 재밌지?"
- ☺♥ "피터팬은 날개가 없는데 날 수 있어. 아이언맨 수트도 입지 않았는데 말이야. 신기하다. 그런데 이게 어떻게 가능할까? 요정의 가루를 몸에 뿌리면 그렇게 날 수 있대."
- ☺♥ "지구에서 태양까지 차로 얼마나 걸릴까? 태양이 눈에 보이지만 실은 지구에서 굉장히 멀어. 자동차를 타고 태양까지 가려면 170년 정도 걸린다고 해. 아기가 170살 할머니가 되어야 목적지에 도착하는 거야." (태양까지의 거리는 149,597,870km이므로 시속 100km 자동차를 타고 가면 약 170년이 걸립니다.)

😊💬 "사람이 자기 팔꿈치에 뽀뽀를 하는 건 불가능해. 하마는 물에 서 뛸 수 있지만 수영은 못하고, 코끼리는 위로 점프하지 못해. 그리고 악어는 혀를 내밀 수 없어. 아주 신기하지 않아?"

위와 같은 질문을 들으면 알고 싶은 욕구가 생겨납니다. 마음도 즐겁고 경쾌해집니다. 이게 바로 호기심 자극 질문의 힘입니다. 호기심은 '너무 신기해서 알고 싶은 마음'입니다. 이 세상에 놀라운 일이 별처럼 많다는 걸 깨우쳐주는 질문이 아이의 호기심을 키우고 삶도 바꿀 수 있습니다.

그런데 호기심 자극 질문과 효과가 비슷한 표현들이 많아요. 그걸 꼭 알려드리고 싶습니다.

뇌의 컨디션을 높이는 11가지 방법

어렵지 않은 뇌과학 이야기를 해보겠습니다.

우리 뇌에는 학습 효율을 높이는 물질이 있습니다. 그것은 바로 도파민입니다. 미국의 신경학자 주디 윌스(Judy Wills)는 저서 《당신의 아이가 가장 잘 배우는 방법(How Your Child Learns Best)》에서 '뇌에서 분비되는 신경전달물질인 도파민이 집중력을 높이고 장기 기억을 강화함으로써 공부를 잘하게 한다'고 설명합니다. 독서로 예를 들면, 책을 읽으면서는 책 내용에 빨려 들어가서 스마트폰을 까맣게 잊게 하고, 책을 읽고 나서는 내용을 오래 기억하게 한다는 뜻입니다.

그렇다면 이 좋은 도파민을 많이 생성되게 해야겠죠?

첫 번째 방법은 위에서 말한 호기심 자극 질문을 하는 것입니다. "이것 봐~ 정말 신기하지 않니?"라는 질문을 듣는 순간 아이의 뇌에서는 도파민이 분비되고 기분 좋은 호기심이 솟아납니다.

다른 방법도 많습니다. 주디 윌스가 꼽은 방법은 운동, 관심 있는 것, 새로운 것, 성취감, 내적 보상, 긍정적이고 즐거운 기억, 선택, 사회적 만남, 음악, 유머, 놀이 등 모두 11가지입니다. 그렇다면 아래처럼 질문하면 되는 것입니다.

- 😊💬 "와. 이게 뭐지? 이런 거 본 적 있어? 엄마는 처음이야." (새로운 것 소개하기)
- 😊💬 "별자리 전설은 네가 좋아하는 거 맞지?" (개인적 관심 자극하기)
- 😊💬 "걱정하지 마. 지난번에 아주 쉽게 해냈던 거 기억 안 나?" (긍정적 기억 환기하기)
- 😊💬 "이걸 다 만들면 얼마나 기쁠까?" (성취감 상상하기)
- 😊💬 "동화책을 읽을까? 과학책을 읽을까? 아니면 또 다른 책?" (선택하기)
- 😊💬 "엄마가 예뻐? 저 여배우가 예뻐? ㅋㅋㅋ." (유머 즐기기)

이 외에 친구들을 만나거나 기분 좋은 음악을 듣거나 몸을 움직여도 도파민이 생성되어 아이의 학습 효율을 순간 높일 수 있습니다.

내적 보상도 같은 효과를 냅니다. 보람이나 희망은 내적 보상이고 물건이나 용돈은 외적 보상입니다. 그러니까 "숙제를 다하면 장난감 사줄게"는 외적 보상을 제시하는 말이고, "숙제를 다하면 너의 꿈에 가까워진다"는 내적 보상을 제시하는 말에 해당합니다. 외적 보상보다는 내적 보상이 긍정적인 효과를 낸다는 게 전문가들의 일반적 의견이죠.

아이의 뇌에 도파민 홍수를 일으킬 말의 예를 더 들어보겠습니다.

- "아빠는 눈을 의심했어. 이건 아주 신기하다."
- "자연에는 신비한 일이 가득해."
- "이거 읽고 나면 아주 똑똑해질 거야."
- "한두 페이지만 공부해도 보람을 느끼게 될 거야."
- "넌 언제나 잘했어. 앞으로도 잘할 거야."
- "무엇을 할까? 네 마음대로 선택해봐. 선택권은 네게 있어!"

부모가 질문으로 호기심, 성취감, 자신감, 기대감 등을 높여주면 아이의 뇌 컨디션은 최상이 되고 학습 능력도 높아집니다. 그건 모든 부모가 가진 놀라운 초능력입니다.

2 고급 어휘 사용으로 지능을 높인다

"생물다양성이라는 말 들어봤니?"

고급 어휘를 쓰면서 질문하면 아이의 지적 능력이 높아집니다. 예를 들어볼게요.

(1) "숲이 많아야 동물도 많이 살지 않겠니?"
(2) "무성한 숲이 생물다양성의 조건 아닐까?"

의미를 보면 같은 말입니다. (1)처럼 말해도 다 알아듣습니다. 하지만 아이가 받는 지적 자극의 수준을 높이려면 (2)를 고려할 만합니다. (1)은 평범하지만 (2)는 특별해서 아이의 눈동자를 흔들리게 만들 것입니다. '생물다양성'이라는 신기한 단어 때문입니다.

생물다양성의 사전적 의미는 '동식물이 다양하게 번성한 상태'이지만, 그보다 더 많은 의미를 담고 있습니다. 동물, 식물, 박테리아, 곰팡이류, 그리고 유전자의 다양성도 아우릅니다. 게다가 환경오염이나 기후 위기로 멸종하는 생물이 있다는 긴박한 생태학적 현실도 떠올리게 합니다.

물론 생물다양성은 어려운 개념입니다. 정확하게 설명할 수 있는 어른이 1%도 안 될 겁니다. 환경이 주제인 일부 어린이용 도서에 등장하는 단어이지만 초등학생 필수 단어는 아닙니다.

제가 강조하려는 것은 생물다양성의 개념 자체가 아니라, 그와 같은 고급 어휘를 아이에게 가르쳐야 한다는 것입니다. 설명이 부정확해도 괜찮습니다. 나중에 아이가 스스로 배워서 개념을 정확히 익힐 테니까요. 부모는 고급 어휘의 바다에 아이가 발목까지 담그도록 도운 것으로 만족하면 됩니다.

그런데 왜 고급 어휘일까요? 그 이유는 미국 미시건대학교의 심리학 교수 리처드 니스벳(Richard Nisbett)이 대답해줄 것입니다.

지능을 높이는 9가지 육아법

미국의 심리학자 리처드 니스벳은 《인텔리전스》에서 자녀의 지능을 높이는 9가지 방법을 제시했습니다.

(1) 수준 높은 어휘로 아이에게 말한다.

(2) 아이가 어른들의 대화에 참여하게 한다.

(3) 책을 읽어준다.

(4) 야단은 줄이고, 세상을 탐색하라는 응원은 많이 한다.

(5) 기억력과 학습 능력을 떨어뜨리는 스트레스를 주지 않는다.

(6) 사물이나 사건을 범주화하고 비교하는 법을 가르친다.

(7) 세상의 흥미로운 것들을 분석하고 평가하도록 이끈다.

(8) 방과 후 지적 자극을 주는 활동을 하게 한다.

(9) 지적 관심을 높이는 또래와 어울리게 이끈다.

익히 아는 방법들이지만 반복해서 읽을수록 반성과 영감을 일으키는 리스트임이 느껴집니다. 이 중에서 제가 주목하는 건 (1)번 방법인 '수준 높은 어휘 사용'과 (6)번 방법인 '범주화'입니다. 여기에서는 수준 높은 어휘, 즉 고급 어휘 사용에 대해서 이야기하고, 범주화는 다음 절에서 살펴보겠습니다.

고급 어휘 사용에 대해서 이야기하기 전에 말하고 싶은 것이 있습니다. 고급 어휘를 자유롭게 쓰거나 자녀에게 편하게 가르칠 수 있는 부모는 극소수라는 사실입니다. 더군다나 가르쳐줘도 초등학교 저학년 아이들은 소화하기 어렵습니다. 그러니 고급 어휘 사용은 중장기 목표로 여기는 게 좋습니다. 수준 높은 어휘 구사력을 초등학교 졸업 때까지 키워주겠다고 목표를 설정한 후 한두 개씩 차근차근 알려주는 것이죠.

다시 주제로 돌아가겠습니다. 고급 어휘란 무엇일까요?

여러 설명이 가능하겠지만, 제 생각에 고급 어휘는 '정확한 어휘'입니다. 무엇을 지칭하는지 뚜렷할 때 그 어휘는 수준 높은 것이 됩니다. 가령 "너는 그걸 해야 한다"는 두 가지 뜻으로 해석됩니다. "너에게 그것을 강력히 추천한다"는 뜻도 되고 "그건 너의 의무다"로 들릴 수도 있습니다. 이때는 '추천'과 '의무'라는 단어를 사용하는 것이 더 정확하며 수준 높은 어휘 사용입니다. 또 "너는 틀렸다" 대신 "너는 논리적 오류에 빠졌다"가 더 정확합니다. "모든 사람은 소중하다"보다 "모든 사람은 인권과 존엄성을 갖는다"가 더 명료합니다. "친구들과 사이좋게 지내라"는 뜻이 모호하지만 "타협하고 합의하는 게 좋다"는 뚜렷합니다. "어떤 일이 어쩌다 일어났다"고 평가하는 대신 "확률이 낮았다"라고 표현할 수 있습니다. 이처럼 '논리적 오류', '인권', '타협', '확률'과 같은 표현이 뾰족한 화살촉처럼 정확하게 지칭 대상에 꽂히는 고급 단어입니다.

이런 단어들은 초등학교 교과서에도 등장합니다. 이런 단어들을 실생활 대화에서 활용하면 고급 어휘가 아이의 것이 될 수 있습니다. 이렇게 질문하면 됩니다.

😊💬 "그만 다투자. 우리가 타협할 수 있는 방법이 뭘까?"

😊💬 "남의 일기를 훔쳐보는 건 인권 침해가 아닐까?"

'관점', '비교', '결론', '추리', '주장', '유추', '예측'과 같은 단어들도 교과서나 일상 언어에서 자주 등장합니다. 활용하는 연습을 하지 않아서 어렵게 느껴질 뿐입니다. 두루뭉술하게 말하는 습관을 고쳐서 함축적이고 정확한 개념을 쓰도록 지도하면 좋겠습니다.

- 😊 "친구는 왜 반대하지?" → "친구의 관점은 너와 어떻게 다르지?"
- 😊 "두 사건이 어디가 비슷하고 어디가 다르니?" → "두 사건을 비교할 수 있겠니?"
- 😊 "네 생각은 뭐야?" → "네 결론은 뭐니?"
- 😊 "누가 범인인 것 같니?" → "누가 범인인지 추리할 수 있겠니?"
- 😊 "네 생각이 왜 옳다고 믿니?" → "네 주장의 근거는 뭐니?"
- 😊 "왜 그런 일이 일어났을까?" → "이유를 유추할 수 있겠니?"
- 😊 "다음에는 어떤 일이 벌어질까?" → "다음 일을 예측할 수 있겠니?"

동작이나 상황에 대한 섬세한 표현도 고급스럽습니다. 가령 '흘끗 돌아보다', '햇살을 받으며 걸었다', '태도가 빈틈이 없다', '마음이 소용돌이치다', '어깨가 으쓱하다', '앞이 깜깜하다', '뚱한 표정', '이상한 낌새'와 같은 표현은 눈에 보이지 않는 부분을 정확하게 그려내는 고급 표현입니다.

철학 개념도 고급 표현입니다. 이해하기 어렵겠지만 '객관', '주관', '의식', '존재', '이성', '감정', '논리', '추리', '판단', '직관', '영감',

'가치관', '세계관', '인과성', '가능성', '확실성', '자유의지' 등의 철학 개념을 섞어가며 대화를 하면 아이의 어휘력 수준이 높아질 겁니다. 물론 아이가 어렸을 때부터 어려운 개념을 설명하는 등 서둘러선 안 되지요. 철학 개념을 이해하기 시작할 수 있는 나이대는 초등학교 고학년부터이니, 아이가 이보다 어리다면 최종적으로는 아래와 같이 질문하는 걸 목표로 삼아보세요.

> 😊 "너는 자유의지를 믿니? 아니면 너의 삶이 결정되었다고 생각하니?"
>
> 😊 "추론과 판단 능력이 부족하다고? 아니야. 너는 직관력이 유달리 뛰어난 거야."

과학 개념에도 수준 높은 어휘가 많습니다. '생물다양성'도 그중 하나입니다. 또 '세포', '바이러스', '박테리아', '복제', '진화'와 같은 어휘는 아이의 뇌를 깨웁니다. '태양계', '은하', '행성', '항성', '소행성', '혜성', '유성', '화이트홀', '블랙홀'도 아주 높은 수준의 어휘입니다. 수학 개념도 고급스럽습니다. '자연수', '정수', '무리수', '유리수', '무한' 등에 대해서 질문하고 대화한다면 최고의 교육 환경입니다.

두루뭉술한 어휘는 말하기 쉽지만, 뜻이 정확한 표현으로 질문하고 대화해야 어휘의 수준을 높일 수 있습니다. 고급 어휘는 관련 의미들이 압축되어 있어서 그 어휘만 알면 많은 것을 이해하고 기억하게 됩니다.

초등 고학년이 되어야 이해할 내용이지만, 고급 어휘 대화의 예를 몇 가지 더 정리해봅니다.

- 😊 "저 영화 스토리는 개연성이 부족하지 않니? 실제로 일어날 것 같다면 개연성이 높은 것이고, 실제 일어날 가능성이 낮다면 개연성이 낮다고 표현하면 돼."
- 😊 "친구들을 다섯 범주로 나눌 수 있겠니? 범주가 뭐냐고? 카테고리와 같은 말이지. 카테고리는 종류라고 생각하면 돼."
- 😊 "친구가 왜 그런 말을 했는지 맥락이 궁금하다. 맥락이 뭐냐고? 앞뒤 사정을 맥락이라고 해."
- 😊 "주인공이 딜레마에 빠진 건 아닐까? 딜레마가 뭐냐고? 이러지도 저러지도 못하는 상황이야. 진퇴양난이라고도 하지."
- 😊 "이 동화 속의 빌런은 누구지? 빌런은 악당을 뜻해."
- 😊 "엄마가 왜 말이 없는 줄 알아? 엄마는 대화의 미니멀리즘을 지향해. 단순한 게 아름답다는 생각을 갖고 있어. 그래서 말을 아끼는 거야."
- 😊 "저 사람의 행동이나 말에서 추론할 수 있는 게 뭘까?"
- 😊 "경찰서가 도둑에게 털렸어? 소방서에 불이 났다고? 아이러니한 상황이네."

어렵습니다. 초등 고학년에게도 쉽지 않습니다. 그래도 고급 어휘를 가르치는 걸 포기할 수는 없습니다. 고급 개념을 알면 더 빨리 배우고 더 많이 기억할 수 있으니까요.

부모인 내가 언어능력이 부족해서 걱정이라고요? 자책할 필요가 없습니다. 제가 오래 교류한 철학자나 문인도 자녀와 고급 대화를 나누지 못하더군요. 버럭버럭 소리지르고 자주 비논리적인 훈계를 늘어놓습니다. 물론 저도 그랬고요.

중요한 것은 태도 교육입니다. 고급 개념을 신기하고 감격스럽게 여기도록 아이를 이끄는 게 중요합니다. 가령 부모님이 좋은 단어를 책, 기사, SNS에서 발견했다면 호들갑스럽게 감동하고 아이와 함께 나누면 교육 효과가 아주 높을 것입니다.

또 목표를 낮추는 게 좋습니다. 세상에 어떤 부모가 '맥락', '딜레마', '아이러니', '추론' 같은 화려한 개념을 자유롭게 구사하면서 아이와 대화할 수 있을까요? 그런 훌륭한 분들은 다행히 거의 없습니다. 영양식을 며칠에 한 번 주듯이 가끔씩만 고급 어휘를 들려줘도 최고입니다. 압축적이고 엄밀한 고급 개념의 맛을 가끔이라도 느낀 아이는 언어감각과 지적 욕구가 저절로 자랄 것입니다. 멀리 보며 자녀를 신뢰하시면 됩니다.

3 범주화하면 기억하기 쉬워진다

"친구들을 개성에 따라 나눠볼까?"

아이가 동화책을 여러 권 읽었다면 이런 질문을 할 수 있습니다.

(1) "네가 가장 좋아하는 이야기 세 개를 고를 수 있겠니?"
(2) "나무가 나오는 동화와 나무가 나오지 않는 동화를 나눌 수 있겠니?"

(1)은 자신의 내면을 보게 하는 질문이고 (2)는 자신의 외부를 보게 하는 질문입니다. 달리 말하면, 각각 주관과 객관에 대한 질문이고, 둘 다 나무랄 데 없이 교육적인 질문입니다.

이 중에서 (2)는 범주화를 가르치는 질문입니다. 앞에서 말했듯 미국의 심리학자 리처드 니스벳은 범주화 방법을 알려줘야 아이의 지적 능력이 높아진다고 했습니다. 맞는 말 같습니다. 범주화는 '종류별로 묶기'를 말하는데 특히 기억 능력과 관련이 큽니다. 매일 접하는 수많은 정보를 일일이 기억하기는 어렵지만, 범주화해서 종류별로 분류하면 비교적 수월하게 기억됩니다.

아이에게 범주화 방법을 가르치는 건 많이 어렵지는 않습니다. 모양, 크기, 색깔에 따라 물건을 분류하게 하고, 친구 · 동생 · 형 · 언니 등의 호칭을 가르치면 주변 사람들을 범주화하는 것도 자연스럽게 익히게 되죠. 아이가 조금 더 크면 먹을거리로 가르치면 편합니다.

> 😊💬 "우유로 만든 제품을 '유제품'이라고 해. 우유와 치즈가 유제품에 속하지. 유제품에는 또 뭐가 있을까? 그렇지! 버터, 요거트, 크림이 유제품에 속해. 다 네가 좋아하는 것들이네. 마트에 가면 유제품이 한 군데에 모여 있단다."
>
> 😊💬 "과일은 먹을 수 있는 열매를 뜻해. 수박, 딸기, 참외가 과일에 속해. 또 뭐가 있을까?"

'유제품'과 '과일' 이외에도 익숙한 먹을거리 범주가 많습니다. '채소' 범주에는 토마토, 오이, 브로콜리, 버섯, 콩 등이 포함됩니다.

아이들은 동물을 나누는 것도 재미있어 합니다. '어류'는 아가미로 숨을 쉬면서 수중생활을 하는 동물들을 가리킵니다. 상어, 참치, 고등어 등 종류가 아주 많죠. 땅에서도 생활하고 물에서도 생활하는 동물은 '양서류'입니다. 개구리, 두꺼비, 도롱뇽이 그 예입니다. 마른 비늘로 덮여 있고 땅에 알을 낳는 변온동물은 '파충류'로 이 범주에는 뱀, 악어, 거북, 카멜레온이 있습니다. '포유류'는 새끼를 낳아 젖으로 키우는 동물입니다. 이와 같은 동물 범주를 알게 된 아이는 동물에 대해 더 빠르게 배우게 될 것입니다.

창의적인 범주 교육법도 있습니다. 이를테면 아이와 함께 동화를 종류별로 나누는 것입니다. '늑대가 나오는 동화'를 말해보라고 할 수 있습니다. 《아기 돼지 삼형제》, 《빨간 모자》, 《양치기 소년》이 그 범주에 속합니다. '아빠가 나오는 동화'에는 《헨젤과 그레텔》, 《미녀와 야수》, 《인어공주》가 있습니다. '거짓말'을 주제로 동화를 분류하게 이끌 수도 있습니다. "거짓말을 했다가 혼나는 사람이 나오는 동화는 뭐가 있지?"라고 물으면 되겠죠. 《피노키오》와 《양치기 소년》이 그 범주에 속합니다. 또 《피리 부는 사나이》와 《개구리 왕자》에도 거짓말쟁이가 나옵니다.

아이의 학습 능력이 자라면 좀 더 어려운 범주를 배울 수도 있습니다. 가령 사람, 침팬지, 오랑우탄, 고릴라는 '유인원' 범주로 묶을 수 있습니다. 미술가들을 세잔, 고흐, 고갱이 속한 '인상주의', 피카소의 '큐비즘', 워홀과 리히텐슈타인의 '팝아트'로 분류할 수도 있습니다.

학습이란 결국 범주를 배우는 것입니다. 유인원, 인상주의, 과일, 자동차, 유제품과 같은 범주를 배우는 게 바로 공부입니다. 범주를 많이 알수록 똑똑해지고 새로운 단어도 더 쉽게 배웁니다. 학습에 가속도가 붙게 되죠. 가령 '행성'을 배운 후에는 수성, 금성, 지구, 화성, 목성 등을 이해하기가 훨씬 쉽습니다.

아울러 범주는 삶도 행복하게 만듭니다. '가족', '친구', '고마운 사람들'은 생각만 해도 평생 기쁨을 주는 범주들입니다.

아래는 범주화를 쉽게 가르칠 친근한 질문들입니다.

- "우리 집에 있는 책들을 서점처럼 종류별로 나눠볼까? 소설, 과학, 역사, 예술, 만화 등으로 말이야."

- "장난감을 종류별로 나눌 수 있겠니?"

- "친구들을 분류해볼까? 씩씩한 친구, 친절한 친구, 기분 좋은 친구, 세심한 친구, 재미있는 친구 같은 기준으로 말야."

- "네가 아는 동물이나 공룡을 너의 기준으로 분류해볼래? 주로 먹는 먹이에 따라 초식, 육식, 잡식으로 나눌 수도 있고, 사는 곳에 따라 분류하는 것도 가능해."

- "너에게 행복을 주는 사람은 누구야? 너를 힘들게 만드는 사람은 누구니?"

- "네가 읽은 이야기들에 등장한 인물들을 분류할 수 있을까? 착한 사람, 악한 사람, 외로운 사람, 행복한 사람, 불행한 사람, 용기 있는 사람, 다정한 사람으로 나눠보면 될 것 같아."

4 꼭 기억해야 하는 것을 알려준다

"이야기의 주인공과 조연은 누구니?"

동화책이나 애니메이션을 방금 보고도 그 내용을 기억하지 못하는 아이들이 있습니다. 그러면 부모는 '내 아이의 머리가 나쁜 걸까?' 하고 속으로 걱정하죠. 하지만 틀렸습니다. 머리가 나빠서가 아니에요. 무엇을 기억해야 할지 몰라서 기억 못 하는 경우가 많습니다.

해결책은 간단합니다. 무엇을 기억하면 좋을지 질문을 통해 알려주면 되죠. 질문은 크게 3가지로 나뉩니다. 사람에 대한 질문, 사건에 대한 질문, 사실에 대한 질문이 그것입니다.

먼저 사람에 대한 질문은 이렇게 할 수 있습니다.

"이 동화에서 누가 주인공이야? 주인공은 보통 한 명이지. 물론 여러 사람일 수도 있지만."

😊💬 "이 영화의 조연은 누구 누구야? 조연은 보통 여러 명이야."

😊💬 "주인공을 힘들게 만든 사람은 누구야? 가장 힘들게 한 사람과 조금 힘들게 한 사람이 있어."

😊💬 "도중에 마음이 바뀐 사람은 누구야? 처음엔 안 그랬는데, 갑자기 착해졌거나 악해진 사람이 있을 거야."

😊💬 "착한 등장인물은 뭘 원했어? 목표가 뭐였지?"

😊💬 "악한 등장인물은 뭘 원했어? 목표가 뭐였지?"

😊💬 "악한 등장인물과 착한 등장인물의 이름을 말해볼래?"

😊💬 "잠깐만 나왔지만 기억에 남는 등장인물은?"

😊💬 "장화 신은 고양이는 누구 누구를 만났지?"

이 많은 질문을 다 하라는 건 아닙니다. 책 속의 모든 사람을 하나 하나 빠짐없이 기억할 필요도 없습니다. 다만, 판단하시기에 중요한 인물만 선별해서 질문하는 것으로 충분합니다. 아이는 '그 사람을 기억하는 것은 중요하단다'라는 질문 속 메시지를 읽을 것입니다.

아이의 하루 생활을 물을 때도 위의 질문을 응용하면 좋습니다. "오늘 잘 지냈니?"라는 상투적이고 매력 없는 질문 대신 아래와 같이 물어보면 어떨까요?

😊💬 "누가 너를 도와줬어?"

😊💬 "누가 그런 예쁜 말을 했지?"

😊💬 "그때 너는 누구와 함께 있었어?"

😊💬 "누구와 이야기하고 놀고 싶었어?"

😊💬 "누구를 만났을 때 신이 났어?"

😊💬 "누구의 어떤 말 때문에 웃었어?"

사람이 아니라 사건에 대해서도 질문할 수 있습니다. 질문에 답하면서 아이는 사건의 흐름을 명확히 기억하고 묘사하는 능력을 갖게 됩니다.

😊💬 "이 동화의 중심 사건은 뭐야? 가장 중요한 일 말이야."

😊💬 "그전에 어떤 일이 있었지? 괴물이 나타나기 전 그 나라는 평화로웠어?"

😊💬 "언제 그랬어? 주인공이 몇 살 때 사건이 일어났지?"

😊💬 "가장 긴장되는 일은 뭐였지?"

😊💬 "주인공은 어떻게 위기를 극복했지?"

😊💬 "결말은 어땠어? 주인공은 행복해졌어?"

사람, 사건에 이어서 사실에 대한 질문의 예를 들어보겠습니다.

😊💬 "세계에서 가장 긴 강은? 나일? 아마존?"

😊💬 "세계에서 가장 높은 산은?"

😊💬 "호주와 캐나다의 수도는 어디지?"

😊💬 "1피트는 몇 센티미터야? 피트 단위를 쓰는 나라는 어디지? 그렇지! 1피트는 약 30센티미터야. 그리고 피트 단위를 쓰는 나라는 소수인데 미국이 그중 하나야. 미국 빼고는 대부분 미터 단위를 쓰지."

😊💬 "이순신 장군이 활약한 해전 이름들을 기억하니?"

😊💬 "대한민국 임시정부는 몇 년도에 세워졌지? 누가 주축이었어?"

😊💬 "크리스토퍼 콜럼버스가 신대륙을 발견한 것은 몇 년이지?"

😊💬 "1969년 인류 첫 번째와 두 번째로 달에 간 사람은? 닐 암스트롱이 첫 번째였고, 그다음으로 달의 표면을 밟은 사람은 버즈 올드린이야. 《토이 스토리》에 나오는 버즈가 버즈 올드린의 이름을 따서 지어진 캐릭터야."

저 많은 질문을 남김없이 아이에게 쏟아 부으라는 것은 물론 아닙니다. 아이의 연령과 성향과 관심에 맞게 적합한 걸 골라서 활용하라는 뜻으로 소개한 것이죠.

부모가 질문을 하면 무언의 메시지도 전달됩니다. '이것을 기억하는 건 아주 중요하단다'라는 시그널이 아이에게 전해지는 것입니다. 그렇게 해서 부모의 질문이 자녀의 기억력을 향상시키게 됩니다.

5 어휘력과 배경지식을 늘린다

"강아지가 거짓말하는 거 아니?"

미국 버지니아대학교의 다니엘 윌링햄(Daniel T. Willingham) 교수는 저서 《왜 학생들은 학교를 좋아하지 않을까?》에서 눈길을 확 끄는 질문을 던집니다.

'초등학교 4학년이 되면서 아이들의 학력 격차가 벌어지기 시작합니다. 그 이유는 무엇일까요?'

우리나라도 사정은 비슷합니다. 왜 초등 중학년이 되면 학력 격차가 확연히 벌어질까요? 윌링햄 교수에 따르면, 4학년부터 글을 읽고 이해하는 능력, 즉 독해력이 중시되기 때문입니다. 이전까지는 지식의 양이 큰 의미가 없어서 큰 소리로 정확히 읽기만 해도 잘하는 것입니다. 하지만 독해는 다른 문제입니다.

독해에는 어휘력과 배경지식이 필수라고 윌링햄 교수는 강조합니다. 단어를 많이 알고 세상에 대한 지식이 풍부한 아이가 독해에 능하다는 것인데, 반대로 그 두 가지가 빈약한 아이는 뒤처지게 됩니다. 이러한 차이는 4학년 즈음에 드러나고 갈수록 격차가 커지죠. 그러니 4학년이 되기 전에 어휘력과 배경지식을 쌓도록 도와야 합니다.

부모가 어찌 해야 할까요? 윌링햄 교수는 어떻게 해서든 책을 읽게 해야 한다고 말합니다. 인터넷 정보가 아니라 책 속의 정보를 읽고 생각하도록 이끌라는 것입니다.

책을 읽게 만드는 방법은 많습니다. 윌링햄 교수도 여러 방법을 소개합니다. 호기심을 자극하고, 풍부한 감성으로 읽어주고, 중요한 주제에 대해 토론하고, 아이가 흥미를 가질 질문을 하는 것이죠.

그래도 아이가 독서를 기피하면 어떻게 해야 할까요? 벌을 주거나 야단을 쳐서는 고칠 수 없습니다. 제 생각에 가장 강력한 방법은 바로 '독서 의무화'입니다. 독서를 강제로 시키자는 게 아닙니다. '당연히 해야 할 일'로 인식하게 만드는 것입니다. 아이에게 이렇게 이야기하면 도움이 될 것 같습니다.

😊💬 "오늘 책은 읽었니? 밥은 먹었지? 밥을 먹어야 튼튼해지지. 책도 밥과 똑같단다. 매일 책을 읽어야 마음이 무럭무럭 자라거든."

😊💬 "어려운 책을 억지로 읽을 필요는 없어. 재미있는 책을 골라서 매일 꼬박꼬박 읽어야 해. 장난감을 가지고 논 뒤에 재미있는 책을 읽고, 그 후에는 TV를 보고 또 재미있는 책을 읽어야 해. 독서

는 당연히 해야 하는 일이란다."

너무 엄격하게 느껴지나요? 물론 따뜻한 독서 교육법도 필요하지만 '독서는 선택이 아니라 필수'라는 걸 인식하게 가르치고 독서 규칙도 세우려면 조금은 엄격할 수밖에 없는 것 같습니다.

독서 외에 윌링햄 교수가 강조하는 것이 하나 더 있습니다. 부모가 끼치는 영향력이 아주 크다는 사실입니다. 어떻게 대화하고 어떤 모습을 보여주는지에 따라 자녀의 학습 능력이 좌우된다는 것인데, 그의 주장을 번역해보겠습니다.

'어떤 어휘를 쓰나요? 평소 아이에게 질문하고 아이의 질문에 귀 기울이나요? 아이를 박물관이나 아쿠아리움에 데려가나요? 아이에게 책을 충분히 제공하나요? 독서하는 모습을 아이에게 자주 보이나요? 부모의 모든 요소가 아이의 등교 첫날 지식을 결정합니다.'

완전무결한 부모가 되라는 요구 같아서 마음이 천근만근 무거워집니다. 그런데 아닙니다. 아이에게 완전무결한 부모는 없습니다. 아마 위와 같이 주장한 윌링햄 교수도 부족한 부모라고 자책하며 남몰래 가슴 친 일이 많았을 겁니다.

부모의 바른 목표는 후회 없는 양육이 아니라 후회 적은 양육입니다. 할 수 있는 만큼만 해내면 되는 것이죠. 위의 조언 중에서 한두 가지만 잘 실천해도 훌륭합니다. '평소 아이에게 질문하고 아이의 질문에 귀를 기울이나요?'라는 조언도 있네요. 이 조언에 따라 환경 문제에 대해 공부해서 아이에게 이렇게 질문할 수 있습니다.

- 😊💬 "기온이 올라가면 북극곰이 왜 위기를 맞을까? 북극곰은 빙하 위에서 사냥을 하는데, 기온이 상승해서 빙하가 줄어들면 사냥 터도 사라지는 것과 같단다."
- 😊💬 "신재생에너지는 신에너지와 재생에너지를 합친 말이라는 사 실을 알고 있니?"
- 😊💬 "미세먼지와 초미세먼지가 어떻게 다른지 아니?"
- 😊💬 "온실가스를 아니? 온실처럼 지구를 덥게 만드는 기체를 말해. 이산화탄소와 메탄 등이 온실가스에 포함되는데, 석유 같은 연 료를 많이 쓰면 이산화탄소가 늘어나고, 그러면 지구가 온실처 럼 더워지는 거야."
- 😊💬 "플라스틱은 튼튼하고 방수도 돼. 다양한 모양으로 만들 수도 있지. 그래서 장난감, 컴퓨터, 자동차, 청소기 등 아주 많은 곳에 쓰이지. 그런데 플라스틱은 환경오염을 일으켜. 해결책을 알고 있니? 플라스틱 사용량을 줄이는 것도 중요하고, 분리 배출을 잘해서 재활용 비율을 높이는 것도 좋은 방법이야."

반려견에 대해서 질문하고 설명해도 재미있을 겁니다.

- 😊💬 "사람이 반려견의 건강을 돌본다고 생각하니? 아니야.《강아지

마음 사전》이라는 책을 봤더니 사람이 반려견을 산책시키는 게 아니라 그 반대라고 하네. 반려견 덕분에 사람들은 더 운동하고 더 건강해진다는 거야."

"강아지도 거짓말하는 거 아니? 강아지들은 일부러 높이 소변을 보기도 한대. 다리를 억지로 들어올려서 말이야. 이 동네에 큰 개가 살고 있다고 다른 개들에게 말하고 싶은 거야. 그러니까 높이 소변보기는 귀여운 거짓말인 거야."

"어떤 개가 방귀를 자주 뀌는지 알아? 퍼그, 시츄, 프렌치 불독과 같이 얼굴이 짧은 견종이 방귀를 많이 뀐대. 그리고 허겁지겁 급하게 밥을 먹어도 방귀쟁이가 된대. 재미있지 않니?

"개에게는 초능력이 있을까? 2016년 영국에서 있었던 일이야. 페로라는 이름의 개가 386km를 걸어서 옛 주인의 집을 찾아갔대. 내비게이션이나 지도도 없는데 어떻게 방향을 알았을까? 지구의 자기장을 느끼는 능력이 있을 거라고 추정하는 사람들도 있어. 자기장이 뭐냐고? 함께 찾아볼까?"

완벽한 질문이 필요한 게 아닙니다. 아이가 잘 알거나 익숙한 분야의 질문을 하고 답을 함께 찾기만 해도 아이에게는 축복입니다. 행복한 집이 대저택일 필요가 없듯, 부모의 질문도 우리 집처럼 소박하고 따뜻하면 충분합니다.

6 동일시 상상으로 즐겁게 기억한다

"네가 씩씩한 애벌레라고 상상해볼까?"

미국의 학습 전문가 바버라 오클리(Barbara Oakley) 교수가 소개한 기억 잘하는 방법 7가지입니다(《어떻게 공부할지 막막한 너에게》의 영문판 내용을 정리한 것입니다).

(1) 집중하기: '내가 공부하려는 것이 아주 중요하다'라고 되뇌며 정신력을 모은다.

(2) 연습하기: 내용을 외우기 위해 반복해서 연습한다.

(3) 그림 그리기: 머릿속에서 상황을 그린다.

(4) 연결해서 저장하기: 새로운 지식을 이미 아는 지식과 연결한다.

(5) 적극적으로 상기하기: 배운 내용을 자주 떠올리며 재확인한다.

(6) 강의하기: 배운 것을 강의하듯이 다른 사람에게 설명한다.

(7) 동일시하기: 내가 기억 대상이 된다고 상상한다.

(1)에서 (6)까지의 내용은 어렵지 않고 이 책 다른 곳에서 설명을 했으니, 여기서는 (7)에 대해서 이야기하겠습니다. 동일시는 재미있는 방법인데요. 오클리 교수는 동일시에 대해 이렇게 말합니다.

'내가 기억하고 이해하려는 대상이 된다고 상상해보세요. 내가 하나의 별이 된다면 어떨까? 내가 대륙이나 빙하라면 어떨까? 또 햇살 속에서 자라는 나무가 된다면 어떨까?'

이를 응용해 아이에게 이렇게 물어보면 되겠습니다.

😊💬 "네가 태양이라고 상상해봐. 너는 지구인에게 어떤 도움을 주고 있지?"

태양빛은 지구 생명체에게는 축복입니다. 덕분에 나무가 광합성을 하고, 초식 동물은 나뭇잎을 먹고 살며, 육식 동물은 또 다른 동물을 사냥해서 살아갈 수 있으니까요. 풀에서 사람까지 모든 생명체에게 태양은 은인이나 다름이 없습니다. 그런데 내가 태양이라면 마음이 어떨까요? 지구로 햇빛을 한 줄기씩 보낼 때마다 흐뭇할 것 같네요. 지구에서 꽃이 피고 토끼가 뛰놀고 사람들이 곡식을 거두는 걸 보면서 태양은 가슴이 울렁이지 않을까요? 또 밤사이 동식물과 사람들 안부가 무척 궁금할 수도 있겠습니다.

그렇게 태양과 자신을 동일시하면 아이의 상상력이 자라는 것은 물론, 태양에 대한 과학적 지식도 늘어갈 게 분명합니다. 결국 동일시 상상이 학습 능력을 높여주죠.

역사적 인물과 자신을 동일시할 수도 있습니다.

😊💬 "네가 세종대왕이라고 생각해봐. 한자를 몰라서 힘들게 생활한 백성들을 보면서 마음이 어땠을까?"

세종은 한자를 몰라 읽지도 쓰지도 못하는 백성들을 안타깝게 여겼습니다. 그래서 학자들을 모아 노력한 끝에 훈민정음을 창제했습니다. 또 물시계인 자격루, 해시계인 앙부일구, 강수량을 측정하는 측우기도 만들었습니다. 모두 백성의 생활을 편리하게 하기 위한 것들입니다. 세종과의 동일시는 아이에게는 특별한 역사 학습 체험이 될 것입니다.

자신을 나비로 상상해보는 것도 재미있을 겁니다.

😊💬 "네가 나비라고 상상하면 어떨까? 씩씩한 애벌레가 되어 꿈틀거리는 네 모습을 그려보는 거야."

나비는 알로 태어나 애벌레가 되어 자라다가 번데기가 되고, 비로소 아름다운 날개를 갖게 됩니다. 애벌레로서 기어다니는 동안에는 뭐든 신기할 테고, 번데기 때는 몹시 답답하겠죠. 그러다 아름다운 나비로 변신하는 순간에는 말할 수 없는 환희를 느끼지 않을까요? 나비가 되는 상상을 해본 아이가 나비의 생태를 깊이 이해하게 되는 건 당연합니다. 물론, 그렇게 길러지는 상상력의 가치 또한 무궁합니다.

반복해서 쓰고 읽어야만 기억되는 것이 아닙니다. 상상하면 더 많은 걸 생생하게 기억할 수 있습니다. 자신을 물, 흙, 바람, 공기, 원자, 은하, 강감찬, 문익점, 윤동주 등으로 상상해낼 수 있는 아이에게 배움은 즐거운 일이 될 것입니다.

💬 "네가 문익점이었다고 생각해봐. 목화씨를 몰래 들여올 때 얼마나 가슴이 두근거렸을까? 무섭기도 하고 기대도 되었을 거야."

💬 "네가 윤동주 시인이라고 생각하면서 〈서시〉를 읽어봐. 어떤 마음으로 이런 시를 썼을까? 자신이 쓴 시를 읽을 때 마음은 어땠을까?"

💬 "네가 공기라고 상상해봐. 어떤 걸 싫어할까? 매연을 뿜어내서 공기를 더럽히는 자동차? 하늘을 회색빛으로 만드는 공장 굴뚝? 온실가스와 냄새를 뿜어내는 소의 트림?"

7 반응적 대화로 탄탄한 기억을 만든다

"아빠는 벌벌 떨었는데 너는 어땠어?"

뉴질랜드의 교육학자 존 해티(John Hattie)는 저서 《가시적 학습과 학습법의 과학(Visible Learning and the Science of How We Learn)》에서 '대화가 기억력 발달의 초석이 된다'고 했습니다. 혼자 읽고 쓰는 것으로는 부족합니다. 어른과 대화를 나눠야 아이가 더 많은 것을 기억할 수 있습니다.

기억력을 발달시키는 대화는 두 가지 조건을 충족시킨다고 존 해티 교수는 말합니다.

첫 번째 조건은, 부모가 적합한 언어 표현으로 대상을 설명하는 것입니다. 영화를 보거나 책을 읽거나 TV 예능 프로그램을 보면서 아이의 궁금증을 시원히 풀어주는 것입니다. 예를 들어 "저건 무슨 뜻이냐면~", "저 요정은 왜 도와줬냐면~", "저 일의 결과는~"이라고 차근

차근 설명해주면 아이의 기억력이 커지고 탄탄해질 것입니다.

질문을 할 수도 있습니다.

- 😊💬 "인권 존중은 무슨 뜻이지? 모든 사람이 태어나면서 똑같이 갖는 권리를 보호하는 걸 뜻해. 자유로울 권리, 행복할 권리, 차별받지 않을 권리 등을 인정하고 지켜주는 것이 인권 존중이야."
- 😊💬 "요정은 피노키오에게 어떤 감정을 느낀 것 같니? 연민이 아닐까? 연민이 뭐냐고? 가엾게 느끼는 마음이야. 불쌍해서 도와주고 싶은 마음이라고도 할 수 있어."
- 😊💬 "로미오와 줄리엣은 서로 사랑했어. 그런데 사랑은 뭐라고 생각해? 누군가의 행복이 나의 행복만큼 중요하면 그 마음이 사랑인 것 같아. 엄마는 너를 사랑해. 너의 행복은 엄마에게 너무나 소중해."

위의 대화들은 아이 친화적 대화입니다. 아이가 궁금해하는 개념을 아이가 이해할 수 있는 언어로 설명했습니다. 이렇게 설명해주면 기억에 오래 남을 수밖에 없을 겁니다.

두 번째 조건은, 반응적 대화입니다. 반응적 대화란 서로 감정을 맘껏 드러내는 동시에 상대방의 감정에 적극적으로 반응하는 대화를 뜻합니다. 그러니까 부모와 아이가 자신의 두려움, 기쁨, 놀람, 설렘과 같은 감정을 숨김없이 드러내면서 서로 받아주면 그것이 반응적 대화인 것이죠. 예를 들어볼게요.

☺♥ "주인공이 위기였을 때 엄마는 바들바들 떨렸어. 너는 어땠니?"

☺♥ "주인공 아이가 엄마를 만났을 때 아빠는 눈물이 날 뻔했다. 네
마음은 어땠어?"

☺♥ "아빠는 결말에서 큰 감동을 느꼈어. 그 생각만 하면 아직도 마
음이 벅차. 너는 어때?"

☺♥ "엄마는 그 나쁜 사람이 한 말 때문에 아주 화가 나. 온몸이 떨릴
정도야. 너는 어떻니?"

☺♥ "갈릴레오는 얼마나 무서웠을까? 지구가 태양 주변을 돈다고
말하면 큰 벌을 받게 될 거라는 걸 알았으니까 떨렸을 거야. 하
지만 용기를 내서 지동설이 맞다고 말했어. 아빠라면 그럴 수 있
었을까? 존경스럽고 감동적이었어."

'갈릴레오가 지동설을 지지했다'는 건조한 설명입니다. '갈릴레
오는 무서웠겠지만 용기를 내서 지동설을 지지했다'는 감성적인 설
명입니다. 분명 후자가 더 오래 기억될 것입니다. 말하는 사람과 이야
기 속 사람의 감정을 풍부하게 표현해주면 아이의 기억이 더 탄탄해
집니다.

8 적당히 어려워야 집중이 잘된다

"너무 쉽거나 어렵지 않니?"

책을 읽을 땐 집중해서 읽어야 그 내용을 기억할 수 있습니다. 그런데 집중하기 쉽지 않아서 책을 펴놓고 딴생각에 빠져드는 아이들이 적지 않습니다. 지켜보던 부모는 기어이 화가 나서 야단을 치죠.

"너는 왜 그렇게 집중을 못 하니? 정신차리고 집중해!"

맞습니다. 집중하려 애쓰면 집중할 수 있죠. 그런데 아이가 딴생각을 하는 원인이 부모일 때가 있습니다. 바로 부모가 골라준 책이 너무 어렵거나 쉬울 때인데, 이 경우엔 집중력이 무너질 수 있습니다.

우리의 뇌는 이상합니다. 가만히 있지 못하고 떠돌아다니고 싶어서 안달입니다. 틈만 나면 딴생각에 빠지는 걸 정신표류(mind wandering)라고 부르는데, 두 가지 상황이 정신표류를 일으킨다고 합니다.

미국의 심리학자 유나 와인스타인(Yana Weinstein) 등이 쓴《학습법의 이해: 시각적 가이드(Understanding How We Learn: A Visual Guide)》에 의하면, 읽거나 듣는 내용이 너무 쉬우면 정신이 딴 곳으로 떠나버립니다. 또 너무 어려워도 정신표류가 시작됩니다. 그러면 어떤 때 집중을 잘할 수 있을까요? 적당히 어려워야 합니다. 그래야 아이는 궁금증을 가지고 집중합니다.

아이가 접하는 내용이 집중이 잘되는 내용인지를 확인하려면 평소 아이에게 이런 질문을 자주 해야 합니다.

- ☺️💬 "이 책이 재미가 없다고? 혹시 너무 어렵거나 쉬운 건 아닐까?"
- ☺️💬 "학원에서 배우는 게 지나치게 어렵지는 않니?"
- ☺️💬 "배가 고프면 어떡해야 하지? 그렇지, 배고프다고 말하면 엄마가 먹을 걸 더 주잖아. 그러면, 공부를 해도 모르겠으면 어떡해야 하지? 모르면 모른다고 해야 해. 그러면 선생님이 더 가르쳐 주실 거야. 모르면 솔직하고 용기 있게 말하는 게 훨씬 이득이야. 그런 것 같지 않니?"

아이가 게으르거나 의지가 약해서 집중을 못 한다는 생각은 잘못된 생각입니다. 많은 경우 부적절한 난이도가 집중력 저하의 원인입니다. 아이의 지적 수준에 맞지 않게 너무 쉽거나 너무 어려우면 집중이 불가능해지는 것이죠.

아이에게도 이 사실을 알려주는 게 좋겠습니다. 이해 못 하고 집중 못 하는 아이를 야단칠 게 아니라 난이도가 원인이라고 알려주는 것이죠. 이렇게 말해주면 어떨까요?

😊💬 "칼 세이건의 《코스모스》가 너무 어렵니? 조금 어려우면 읽고, 아주 어려우면 읽지 마. 휙 집어 던져버려. 내용이 어려운 건 네 잘못이 아니야. 칼 세이건이 너무 어렵게 쓴 거지. 너는 네가 소화할 수 있는 책만 읽으면 돼."

😊💬 "그 책은 얼마나 어렵니? 조금 어렵다고? 그렇다면 도전을 해보자. 조금 어려운 책이 가장 재미있으니까."

😊💬 "이제는 《인어공주》가 재미없다고? 그건 네가 컸다는 뜻이야. 네가 똑똑해져서 《인어공주》 내용이 너무 싱거워진 거야. 축하한다. 몸만 아니라 정신도 쑥 자랐네."

위와 같이 말해주면 아이는 새로운 사실을 알게 됩니다. 자신의 지적 수준과 관심에 딱 맞는 책을 선택하는 게 관건이라고 깨닫게 되죠. 쉽게 이해하고 집중할 수 있는 책을 발굴한 아이는 마음이 무척 편하고 기쁘지 않을까요? 독서 능력이 빨리 향상되는 것도 자연스러운 결과일 것입니다.

2

이해력을
높이는 질문

이해력
의미를 해석하는 능력

이해 질문의 기본 패턴
"그 뜻을 알겠니?"
"요약할 수 있겠니?"
"예를 들어볼래?"

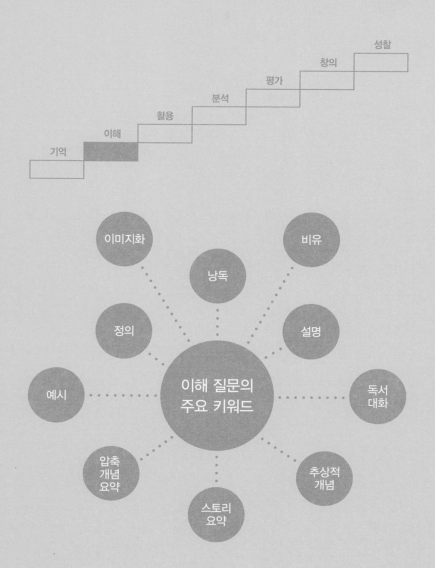

1 소리 내 낭독하면 더 쉽게 이해된다

"엄마에게 읽어줄 수 있겠니?"

집중해서 책을 읽으면 내용 이해가 빠릅니다. 그런데 많은 아이들이 집중하기를 버거워합니다. 상황을 가정해볼게요. 책을 읽던 아이가 하소연을 합니다.

"엄마~ 글자가 눈에 들어오지 않아요. 도저히 집중이 안 돼요. 어떡하죠?"

엄마의 대답은 둘 중 하나일 겁니다.

(1) "딴생각하지 마. 그래야 책에 집중할 수 있어."
(2) "속상하겠다. 그런데 크게 소리를 내서 읽어봤니?"

(1)은 대부분의 부모들이 자녀에게 하는 조언이자 잔소리인데, 사실 거의 효과가 없는 말입니다. '딴생각을 하지 않는 것'과 '집중하는 것'의 의미가 같아 동어반복이 되어버립니다. 이를테면 "불안해하지 마. 그래야 불안하지 않아"와 크게 다르지 않은 말입니다. 그러나 (2)는 실질적으로 도움이 됩니다. 구체적인 방법을 알려주거든요. 실제로, 소리 내서 글을 읽으면 집중도 이해도 훨씬 잘됩니다.

이와 관련한 연구 결과가 2020년에 캐나다 워털루대학교의 심리학 교수 콜린 맥리오드(Colin M. MacLeod)에 의해 발표되었는데, 그 내용이 많은 사람들의 주목을 받았습니다. 연구팀은 아이들에게 4가지 방법, 즉 '소리 없이 속으로 읽기', '다른 사람이 읽는 걸 듣기', '자신이 읽은 소리를 녹음했다가 듣기', '소리 내면서 읽기'로 공부하게 했습니다. 그런 뒤에 공부 효율을 측정해보니 마지막 방법인 '소리 내면서 읽기', 즉 낭독하면서 책을 읽으면 기억이 오래 가는 것으로 확인되었습니다. 집중 강도는 높아지고, 잡념은 줄어들었습니다. 아마 바쁘기 때문에 그럴 것입니다. 눈으로 읽고 근육으로 발음하고 귀로 소리를 들어야 하니 잡념에 빠질 여유가 없죠. 그렇게 해서 집중력이 높아지면 이해도도 깊어집니다.

아이가 책을 읽을 때 집중하지 못한다면 소리 내면서 읽으라고 권하세요. 이 방법은 어른에게도 효과가 있습니다. 전자 제품 사용 설명서처럼 복잡한 글의 경우 소리를 내면서 읽으면 잘 읽히고, 업무용 기획안을 소리 내서 읽으면 기획안 내용에서 문제가 되는 부분을 쉽게 파악할 수 있습니다.

아이가 소리를 내면서 읽게 하려면 이런 질문으로 유도하세요.

- 😊💬 "이해가 안 된다고? 소리 내서 읽어봤니?"
- 😊💬 "유튜브 생각, 친구 생각, TV 생각이 떠올라서 책을 읽을 수 없다고? 소리 내서 읽으면 그런 잡념들을 깨끗이 지울 수 있어."
- 😊💬 "친구들이 옆에 있어서 소리를 낼 수 없다고? 입만 벙긋거리며 읽어도 돼."

"엄마에게 읽어줄 수 있겠니?"라고 질문해서 아이에게 엄마를 위해 책을 읽어달라고 부탁하는 것도 좋은 방법입니다. 책을 읽어주는 아이는 책임감이 생겨서 더 집중하게 될 것입니다.

- 😊💬 "엄마는 귀만 기울일게. 네가 책을 읽어줄 수 있겠니?"
- 😊💬 "역할을 바꿔보면 어때? 네가 아빠가 되고 아빠는 네가 되는 거야. 네가 아빠라면 어떻게 읽어줄 거니?"
- 😊💬 "중요한 대목은 어떻게 읽어야 할까? 천천히 그리고 힘있게 읽으면 듣는 사람도 귀 기울여서 듣게 될 거야."

2 비유적 표현이 세상을 이해하는 능력을 키운다

"고양이가 포크와 빗을 가지고 다니는 것 아니?"

아이와 엄마가 함께 밤하늘을 보는데 검은 하늘에 밝은 보름달이 떴네요. 감동한 엄마가 할 수 있는 말은 두 가지입니다.

(1) "달이 참 예쁘지 않니?"
(2) "달이 하얀 풍선 같지 않니?"

둘 다 손색이 없는 표현입니다. 다만 차이는 알았으면 합니다. (1)은 직접적이지만 (2)는 비유적입니다. 즉 (1)은 '달이 예쁘다'는 생각을 직접 드러냈지만, (2)는 '달이 예쁘다'는 생각을 '달이 하얀 풍선 같다'고 에둘러서 비유했습니다. 이러한 비유적 표현을 들으면 머릿속에 그림을 그리게 됩니다. 아이는 하얀 풍선이 달과 겹치는 마술 같은 일을 경험하게 되죠.

이번에는 아이가 아주 똑똑한 말을 했습니다. 이때 아빠가 할 수 있는 칭찬은 2가지로 정리됩니다.

(1) "우리 아들은 참 똑똑해."
(2) "우리 아들은 꼬마 아인슈타인이야."

(1)은 뜻을 직접적으로 표현했지만 (2)는 간접적이고 비유적으로 표현했습니다. 재미있는 표현을 고르라면 (2)를 고르겠습니다. 감동도 (2)가 더 클 수 있습니다. 아이의 머릿속에서 아인슈타인의 얼굴에 자신의 얼굴이 겹치면서 묘한 설렘이 생겨날 것입니다.

은유와 직유 같은 비유적 표현은 아이들이 읽는 책에 가득합니다. 동화책은 말할 것도 없고, 국어 교과서만 봐도 초등학교 저학년 때는 비유법을 은근히 배우고 6학년이면 본격적으로 익히며 중학교에서는 비유법을 중요한 학습 내용으로 다루죠. 이처럼 교과서에서 꾸준히 다룰 정도면 비유적 표현을 꼭 배워야 한다는 말입니다.

그런데 아이들은 왜 비유적 표현을 배워야 할까요?

그 이유는, 비유적 표현은 상대방에게 뜻을 정확하고 생생하게 전달하는 방법이기 때문입니다. 달을 하얀 풍선에 비유하고 아이를 아인슈타인에 비유하면 마음이 더 또렷이 전달되는 것이 그 예입니다. 유명한 강사, 언론인, 작가가 쓴 글이나 하는 말을 봐도 비유법으로 대중을 매료시키는 경우가 많습니다. 생각을 선명하게 표현하는 능력은 유능한 화자의 조건 중 하나인 것입니다.

비유법은 학습 능력도 올려줍니다. 비유에 익숙한 아이는 교과서를 읽는 게 편합니다. 예를 들어 3학년 도덕 교과서에는 '마음속 보물 찾기'와 '마음속 휴지 버리기'라는 표현이 나옵니다. 두말할 것도 없이 비유적 표현입니다. 4학년 국어 교과서에 등장하는 글 〈아낌없이 주는 나무〉에서 나무는 부모나 친구 등 헌신하는 사람을 비유한 것입니다. 이처럼 교과서에는 처음부터 끝까지 비유가 그득하니, 비유 능력은 공부의 기본 능력이나 다름없습니다.

다른 예를 들어보겠습니다.

엄마: "고양이의 혀에는 가시 같은 억센 털이 있는데, 무엇에 쓰는지 아니? 먹을 것이 혀에서 떨어지지 않게 붙드는 데 쓰고, 몸 전체의 털을 고를 때도 사용한단다."
아이: "아하! 고양이 혀의 털은 포크이고 빗이네요."

포크와 빗으로 비유한 덕분에 이 아이는 고양이 혀에 있는 털의 역할을 더 분명하게 이해하게 되었습니다. 까다로운 정보를 간추려서 이해할 때 비유는 큰 효과를 발휘합니다.

정리하자면, 비유적 표현은 감동적인 대화의 비밀이면서 학습 효율을 높이는 비결이기도 합니다. 그러니 비유법을 아이에게 가르치지 않을 수 없는 것입니다. 방법은 어렵지 않습니다. 문답을 통해서 얼마든지 가르칠 수 있습니다.

먼저, 단순 비유에 대한 질문입니다.

"이것을 무엇에 비유할 수 있을까?"

"코끼리의 코는 사람의 무엇에 비유할 수 있을까?"

"자동차의 엔진은 사람의 무엇과 같을까?"

"네 친구를 어떤 동물에 비유할 수 있을까?"

코끼리의 코는 코 역할도 하지만 물건을 집어 올릴 때도 씁니다. 그러니 사람의 손에 비유할 수 있습니다. 자동차의 엔진은 사람의 심장과도 같죠. 친구들 중에서 어떤 친구는 사자와 비슷하고 다른 친구는 코알라처럼 보일 수도 있습니다.

동화 등 책과 연관된 질문도 가능합니다.

"너는 미운 아기 오리 같은 아이야. 이 말은 어떤 뜻일까? 놀리는 친구들이 있지만 너는 누구보다 아름답게 자랄 거야. 힘을 내."

"성냥팔이 소녀 같은 어린이들도 많아. 가난하고 외로운 어린이들을 어떻게 도와줄 수 있을까?"

😊 "행복한 왕자를 닮은 사람을 알고 있니? 자기 재산을 사회에 기부하는 사람들은 모두 행복한 왕자 같은 착한 마음을 갖고 있어. 또 테레사 수녀나 슈바이처 박사처럼 남을 돕는 분들도 행복한 왕자를 닮은 게 아닐까?"

질문 대신 시범을 보이는 것도 비유 능력을 향상시키는 방법입니다. 굳이 어려운 표현을 할 필요가 없습니다. 쉬운 비유를 반복해서 들으면 아이의 비유 능력이 자라날 바탕이 마련됩니다.

이렇게 말해볼까요?

😊 "너는 엄마의 햇살이다. 뱃살이 아니라 햇살!"
😊 "아빠의 트림 소리는 천둥 같아."
😊 "귀여워. 너는 오늘 예쁜 강아지 같다."
😊 "너는 꼬마 플라톤이야."
😊 "아빠는 이순신 장군처럼 지혜롭고 용감해."

질문으로 비유를 알려줄 수도 있습니다. 아래와 같은 질문은 어떤가요?

😊 "너는 눈빛이 맑아. 그런데 눈은 무엇에 비유할 수 있을까? '마음의 창'이라는 비유가 있어."

😊💬 "'사람은 섬이다'라는 비유가 있어. 무슨 뜻일까? 사람들은 모두 떨어져 있는 개별적이고 외로운 존재라는 뜻인 것 같다. 그런데 섬은 다리로 연결할 수 있지 않을까?"

😊💬 "'인생은 여행이다'는 무슨 뜻일까? 뜻밖의 즐거운 일들이 기다리고 있다는 뜻이 아닐까?"

😊💬 "흐르는 시간은 강물과 같다고 했어. 무슨 뜻인지 알겠니? 강물처럼 시간이 흘러가는 것도 막을 수 없지. 한번 지나면 되돌릴 수도 없고. 시간을 아껴서 현명하게 활용해야 한단다."

😊💬 "웃으면 건강해진단다. 웃음을 약에 비유해볼까? 감기약? 영양제? 배탈약? 명약? 만병통치약? 뭐든 괜찮으니까 편하게 말해봐."

비유는 둘 이상의 대상에서 공통점을 찾아내는 표현법입니다. 쉽게 습득할 수 있는 능력은 아니지만 넘지 못할 벽도 아닙니다. 어색한 비유라도 용감하게 시작하는 게 중요합니다. 상투적이어도 괜찮아요. "인생은 여행이다"라거나 "오늘은 완전히 롤러코스터였다"도 전혀 나쁘지 않습니다. 물꼬를 터주는 것으로 부모는 훌륭하게 역할을 한 게 됩니다.

**설명할 줄 아는 아이가
공부도 잘한다**

"햄버거가 왜 맛있는지 설명해줄래?"

아이가 책을 10쪽 정도 읽었다고 해보죠. 내용을 이해했는지 아닌지 어떻게 알 수 있을까요? 간단합니다. 설명해보라고 주문하면 됩니다. 정확한 설명은 정확한 이해의 증거입니다. 아울러 설명을 하다 보면 기존의 이해가 더 깊어지는 추가 이득도 생깁니다. 그러니까, 아이의 이해력을 높이는 아주 쉬운 방법은 설명해달라고 아이에게 자주 부탁하면 되는 것입니다.

예를 들어볼게요. 밀물과 썰물에 관한 책을 읽은 아이에게는 이렇게 질문할 수 있겠죠.

(1)은 부모가 아이에게 자신감 넘치게 설명을 해주고 있습니다.
말투를 보니 이 부모는 성격이 제법 급해 보입니다. (2)는 부모가 차
분한 말투로 아이에게 천천히 설명해보라고 권합니다. 아이는 편한
마음으로 엄마에게 어떻게 설명할지를 머릿속으로 정리할 것입니다.

(1)과 (2)는 공부 효율 면에서도 차이가 있습니다. 국내외 학습법
연구자들이 입을 모아 말하는데, 배운 걸 설명해보는 아이가 공부를
더 잘하게 됩니다. 배운 걸 다른 사람에게 설명하는 동안 개념이 더 명
확히 이해되고 인과관계가 정립되기 때문입니다. 또 더 많은 것을 기
억하게 됩니다. 설명하기가 이해와 기억 수준을 높이는 것입니다.

설명하다 보면 자신의 한계를 느끼는 점도 중요해요. 마치 뮤지
컬 단원이 리허설을 하면서 자신의 약점과 강점을 발견하듯, 아이는
설명을 하면서 자신이 이해하는 것과 아직 이해하지 못한 것을 깨닫
습니다. 그런 발견은 실력 향상으로 이어집니다.

그러니 아이가 아는 걸 설명할 수 있도록 매일 멍석을 깔아줘야

하겠습니다. 효과적인 방법은 아이가 편하게 대답할 수 있는 쉬운 질문들을 던지는 것입니다.

- 😊💬 "떡볶이를 왜 그렇게 좋아하는지 설명해볼래? 맵고 달달한 맛이 좋은 거야? 햄버거랑 비교하면 어떻니?"
- 😊💬 "아빠의 잔소리를 들으면 마음이 어떻게 요동치는지 자세히 말해줄 수 있겠니?"
- 😊💬 "엄마가 화를 내면 기분이 어때? 솔직하게 말해줘."
- 😊💬 "오늘은 네가 평소보다 더 활짝 웃네. 특별히 기분 좋은 일이 있는 거야? 이유를 설명해줄래?"
- 😊💬 "친구들이 곰돌이 푸를 왜 좋아할까? 귀여워서? 웃긴 말을 많이 해서? 착해서? 이유를 설명해줄 수 있겠어?"

아이가 대답하기를 거부하지만 않으면 조금 더 어렵고 학구적인 설명을 요구해도 좋겠습니다.

- 😊💬 "분수의 곱셈은 어떻게 하는지 설명해줄래? 아빠가 헷갈려서 그래."
- 😊💬 "왜 다른 사람의 의견을 존중해야 하는지 설명해볼래? 존중하지 않으면 어떤 일이 일어날까? 사람들끼리 다투고 서로 멀어지지 않을까?"

😊💬 "사람과 개구리의 차이가 무엇인지 설명해줄 수 있겠니? 힌트? 사람은 땅에 살고, 아기를 낳으며, 두 발로 뛰어다니고, 말을 하지. 개구리는 어때?"

위와 같은 질문이 지속되면 아이가 자발적으로 나서서 설명하게 될 것입니다. 학교에서 돌아와서는 "오늘은 ○○에 대해서 배웠어요. 그게 뭐냐면요~"라고 이야기하겠죠. 그렇게 설명하는 동안 아이는 이해력을 포함한 지적 능력이 높아질 겁니다. 게다가 표현력도 좋아지고 사회적 관계에서 주도적이게 되겠죠. 아이가 재잘재잘 설명하는 걸 좋아하게만 키워도 자녀 교육의 절반은 이미 성공한 셈이죠. 아이에게 필요한 것은 부모의 질문, 경청, 칭찬입니다.

4 재미있는 3단계 독서 대화

"어떤 일이 일어날 것 같니?"

독서의 중요성은 잘 알고 계실 겁니다. 독서를 할 땐 책을 그냥 읽고 마는 것보다 아이가 책을 펼치기 전, 책을 읽는 동안, 책을 읽은 후로 나눠서 3단계 질문을 하면 여러 모로 유익합니다.

3학년 국어 교과서에서는 '책을 읽기 전에 제목과 표지를 살펴보고 내용을 예상해보라'고 권합니다. 교과서에서 예시로 든 책《꼬마 북극곰 이야기》는 제목과 표지에서 책 내용이 대강 드러납니다. 표지 그림에서는 곰이 작은 얼음덩이 위에서 눈물을 흘리고 있는데, 이 그림으로 유추하면 지구온난화 등 환경 문제에 대한 이야기를 하는 책이라고 예상됩니다.

이렇게 제목과 표지를 보면서 책 내용을 예상한 뒤에 책을 읽으면 책이 더 재미있습니다. 기대감이 커지기 때문이죠. 책을 집은 아이에게 이렇게 질문하면 됩니다.

- 😊💬 "표지 앞뒤의 글을 읽어봤니? 어떤 책일 것 같아?"
- 😊💬 "표지 그림을 보면 이야기 속에서 어떤 일이 일어날 것 같니?"
- 😊💬 "주인공은 어떤 사람일까? 주인공은 어떤 모험을 하게 될까?"
- 😊💬 "작가는 어떤 분이야? 이전에 쓴 책은 뭐야?"

책 내용을 추측하게 만드는 질문들입니다. 아이의 추측은 맞혀도 틀려도 상관없지만 틀리면 더 좋습니다. 몸은 작은 병치레를 하면서 크고, 지적 능력은 시행착오를 겪으면서 빠르게 성장하는 법이니까요.

책을 읽는 동안에는 아이가 이야기 전개를 예상할 수 있도록 질문하면 됩니다. 물론 드라마나 웹툰을 볼 때도 똑같이 질문할 수 있습니다.

- 😊💬 "이제 주인공은 무슨 일을 겪을 것 같니?"
- 😊💬 "엄지공주가 울고 있는데 어디선가 나비가 나타났어. 어떤 일이 벌어질까?"
- 😊💬 "곰돌이 푸가 풍선을 타고 하늘 높이 올라갔네. 어떻게 내려올까?"

이야기를 따라가기만 하는 독서는 수동적인 독서입니다. 앞으로 이야기가 어떻게 전개될지를 중간중간 예측하면서 책을 읽는 능동적 독서를 해야 합니다. 이야기의 결말을 예측해볼 수도 있습니다.

- 😊💬 "도둑들이 쫓는 알리바바는 어떻게 될까?"
- 😊💬 "저 드라마는 어떻게 끝날 것 같니? 왜 그렇게 생각해?"
- 😊💬 "주인공 커플의 사랑이 이루어질까? 아니면 각각 다른 사람과 결혼하게 될까?"

책을 다 읽고 난 뒤에 할 질문은 아주 많습니다. 다른 곳에서 더 이야기할 텐데, 여기서는 짧게 몇 가지만 살펴보겠습니다.

- 😊💬 "네 예측이 맞았니?
- 😊💬 "어느 등장인물이 가장 마음에 들어? 미운 캐릭터도 있니?"
- 😊💬 "주인공이 사는 곳에서는 어떤 냄새가 나고 어떤 소리가 들릴까? 빵 굽는 냄새와 파도 소리라고?"
- 😊💬 "이 책에서 알게 된 가장 놀랍거나 재미있거나 이상한 건 뭐야?"
- 😊💬 "이 책이 재미있거나 유익했니? 점수를 준다면 몇 점을 줄 거야? 60점? 무엇 때문에 그런 점수를 준 거야?"

독서 3단계 질문은 책에 대한 이해도만 높이지 않습니다. 아이는 훨씬 재미있는 독서법도 알게 될 것입니다. 그저 책 내용을 따라 수동적인 독서를 하면 얻는 것도 재미도 적겠죠. 반대로, 엄마 아빠를 따라서 예측하고 궁금해하면서 적극적으로 독서를 하면 다릅니다. 아이가 정신적 양분을 더 많이 얻을 뿐만 아니라 책 읽기를 더 많이 사랑하게 될 것입니다.

5 추상적 개념은
아이를 변화시킨다

"상상이란 무엇일까?"

아빠와 딸이 길에서 빨간 채송화를 발견했습니다. 이때 아빠는 딸에게 이런 질문을 할 수 있습니다.

(1) "이건 채송화야. 꽃이 참 아름답지? 이 꽃 외에 어떤 꽃들이 아름답다고 생각하니? 해바라기? 개나리? 코스모스?"

(2) "이건 채송화야. 꽃이 참 아름답지? 그런데 아름답다는 게 뭘까?"

(1)은 구체적 질문이고, (2)는 추상적 질문입니다. (1)처럼 꽃 이름을 묻는 질문도 훌륭하지만, (2)처럼 어렵더라도 추상적인 질문에 대답하도록 유도할 필요도 있습니다. 추상적 개념 없이는 나와 세상

을 충분히 이해할 수 없기 때문입니다.

그런데 구체적인 것, 추상적인 것은 무엇을 말할까요? 구체적인 것은 눈으로 보고 만질 수 있으며 냄새를 맡을 수 있는 대상을 말합니다. 차, 사과, 책상, 컴퓨터, 강아지, 사자, 채송화 등이 그 예입니다. 추상적인 것은 눈으로 보거나 만지거나 냄새를 맡을 수는 없지만 우리에게 중요한 것을 말합니다. 사랑, 우정, 희망, 기쁨, 아름다움 등이 그 예입니다.

추상적 개념은 어른으로 성장하고 지적 능력을 높이려면 반드시 알아야 합니다. 자신의 감정을 파악하려면 사랑, 분노, 슬픔을 알아야 하고, 세상이 아름답다거나 희망적이라고 말할 때도 추상적 개념이 사용됩니다. 추상적 개념 없이는 수준 높은 생각을 할 수 없습니다. 그러니 아이에게 구체적인 질문만 하지 말고 추상적 개념에 대해서도 열심히 물어봐야 합니다. 예를 들면 이렇습니다.

- "어떤 게 아름다운 것일까? 기쁨과 감동을 주는 색깔, 모양, 글, 소리를 아름답다고 할 수 있겠지?"
- "상상이란 무엇일까? 현실에는 없고 머릿속에 그리는 그림이 상상 아닐까?"
- "희망은 무엇을 말할까? 밝은 미래가 있다는 믿음이 희망이지. 절망의 반대말이야."
- "성실하다는 건 뭐지? 해야 할 노력을 기꺼이 하는 것 아닐까?"

물론 위의 정의가 정답은 아닙니다. 추상적 개념은 사람마다 정의가 다른 게 당연하거든요.

추상적 개념은 교과 과정에서도 비중 있게 다룹니다. 4학년 도덕 교과서만 봐도 정직, 자주, 절제, 책임, 아는 힘, 생각하는 힘, 마음의 힘, 행동의 힘, 예절, 배려, 존중, 외면적 아름다움, 내면적 아름다움, 도덕적 삶의 아름다움 등 추상적 개념들로 가득합니다. 수학도 국어도 추상적 개념을 모르면 이해하기 어렵기 때문에 공부를 위해서라도 추상적 개념에 익숙해지게 도와야 합니다.

그런데 놓치지 말아야 할 흥미로운 사실이 있습니다. 추상적 개념이 아이를 변화시킨다는 점입니다. 빵, 스마트폰, 연필과 같은 구체적 개념은 아이를 변화시키지 못하지만 추상적 개념은 다릅니다. 지성과 감성을 바꾸고 행동의 변화도 일으킵니다. 예를 들어 절제, 자부심, 용기, 사랑 같은 개념은 듣기만 해도 마음이 움직이고 그런 마음을 갖고 싶다는 생각이 피어납니다. 아이들도 그렇습니다. 특히 긍정의 추상적 개념은 이것에 대해서 묻고 가르치기만 해도 아이의 변화를 이끌어낼 수 있습니다. 이렇게 질문해보는 겁니다.

😊💬 "절제란 무엇일까? 생각과 언행이 지나치지 않게 조절하는 노력이야."

😊💬 "사람은 어떤 경우에 자부심을 느낄까? 자신의 꿈을 위해 애쓸 때가 아닐까?"

😊💬 "용기를 가지려면 어떻게 해야 할까? 잘될 거라고 생각해야지. 희망을 가져야 해."

😊💬 "타인을 배려한다는 것은 무엇일까? 남이 나와 똑같이 편해지도록 마음을 쓴다는 뜻이겠지?"

모두 아이를 변화시키고 아이의 행복 수준을 높일 수 있는 추상적 질문들입니다. 추상적 개념은 아이의 사고력은 물론 마음의 힘까지 키워줍니다.

6 중심 내용과 주변 내용을 구분해 스토리를 요약한다

"《백설공주》를 요약할 수 있겠니?"

요약은 초등 학습 과정의 키워드입니다. 한 예로, 초등 5학년 국어의 한 단원 제목이 '중요한 내용을 요약해요'입니다. '낱말의 뜻을 짐작하며 글을 읽고 중요한 내용을 요약'하는 것이 이 단원의 구체적인 학습 목표입니다. 국어만이 아니죠. 다른 과목 교과서나 문제집을 봐도 배운 걸 짧게 정리하라는 요구가 흔합니다. 초등 교육 과정에서 요약 능력은 아주 중요시되고 있는 것입니다.

당연히 그래야 합니다. 요약을 할 수 있어야 배움이 가능하기 때문이죠. 요약은 이해의 결과이며 기억의 조건입니다. 이해해야 요약할 수 있고, 요약해야 기억할 수 있습니다. 가령, 교과서 한 단원을 통째로 외우려는 시도는 무모한 도전입니다. 반드시 실패하게 되어 있습니다. 반대로, 요약하고 정리하면 한 단원이 아니라 몇 권 분량의 책 내용도 머릿속에 담을 수 있습니다.

그러면 요약은 어떻게 하는 걸까요? 이 책은 요약에 대해 여러 번 이야기하는데, 여기서는 중심 내용과 주변 내용을 구분하는 요약법이 주제입니다. 중심과 주변, 즉 중요한 것과 아닌 것을 구별해야 요약이 된다는 이야기입니다.

예를 들겠습니다. 《백설공주》를 요약할 때는 난쟁이 이야기를 생략할 수 있습니다. 중심 내용이 아니라 주변 내용이니까요. 《신데렐라》를 요약하려면 의붓자매 이야기를 생략해도 상관없습니다. 왕자와의 사랑이 중심 내용이니까요.

중심 내용은 살리고 주변 내용은 생략하는 게 요약의 비법이라면, 이제 아이에게 이렇게 질문하고 설명할 수 있습니다.

- "오늘 학교에서 있었던 일을 줄여서 말할 수 있겠어? 가장 재미있었거나 기억에 남는 일을 중심으로 말하면 된단다."
- "저 영화의 내용을 짧게 요약해서 말해줄래? 줄거리에서 중요한 부분을 골라서 말하면 돼."
- "방금 아빠가 하신 말씀을 핵심만 간단히 요약해볼래?"
- "저 노래 가사를 두 문장 정도로 줄일 수 있겠어? 가수가 가장 말하고 싶어 하는 것이 무엇인지를 생각하면 간단히 줄일 수 있어."

아이와 손쉽게 할 수 있는 것은 동화 내용 요약입니다. 책을 다 읽은 후에 이렇게 물어보면 됩니다.

> 🙂💬 "《엄지공주》를 한 줄로 요약해볼래? 줄거리를 여러 부분으로 나눈 후 가장 중요한 걸 골라봐. 그렇게 하면 쉽게 요약할 수 있어."
> 🙂💬 "《벌거벗은 임금님》은 어떤 이야기야? 한 문장으로 줄일 수 있겠니?"

그런데 아이들의 요약 실력은 대부분 뛰어나지 않기 때문에 결국 부모가 알려줄 수밖에 없습니다. 참고하시라고 유명한 동화들을 두 가지 버전으로 요약했습니다.

《엄지공주》 요약문

버전 1: 꽃에서 태어난 엄지공주가 꽃의 나라 왕자와 결혼하는 아름다운 이야기.

버전 2: 엄지처럼 작은 공주가 두꺼비에게 납치되어 어려움을 겪다가 제비 덕분에 꽃의 나라로 가서 왕자와 결혼한다.

《미운 아기 오리》 요약문

버전 1: 남의 집에서 태어난 백조가 자신을 찾는 이야기.

버전 2: 못생겼다고 놀림을 받아서 울던 아기새는, 사실은 자기가 무척 아름다운 백조라는 사실을 알게 된다.

《백설공주》 요약문

버전 1: 외모 열등감에 빠진 왕비에게 희생될 뻔한 공주 이야기.

버전 2: 질투심 많은 왕비 때문에 목숨이 위태로웠던 공주가 난쟁이와
왕자 덕분에 행복을 되찾는다.

《미녀와 야수》 요약문

버전 1: 괴물 같은 남자와 아름답고 현명한 여자의 사랑 이야기.

버전 2: 왕자가 마법에 걸려 괴물로 변하지만, 한 여성이 진정한 사랑
의 힘으로 마법을 풀어준다.

《빨간 모자》 요약문

버전 1: 낯선 사람과 이야기를 나눴던 아이가 크게 고생하는 이야기.

버전 2: 소녀와 할머니가 늑대에게 잡아 먹혔지만 사냥꾼의 도움으로
늑대 뱃속에서 탈출한다.

《벌거벗은 임금님》 요약문

버전 1: 바보처럼 보이지 않으려고 바보처럼 행동한 왕의 이야기.

버전 2: 현명한 사람에게만 보이는 옷이 있다고 믿은 왕이 백성들의 웃
음 거리가 된다.

《헨젤과 그레텔》요약문

버전 1: 숲에 버려졌지만 마녀까지 물리치고 집으로 돌아온 용감한 남매 이야기.

버전 2: 아빠가 남매를 숲에 버렸지만 남매는 고생 끝에 집에 돌아와 아빠를 껴안는다.

중요한 것과 아닌 것을 구별해야 이야기를 요약할 수 있습니다. 중심 내용은 유지하고 주변 내용은 생략하거나 최소화하는 것이 요약의 기술입니다.

물론 말처럼 간단하지는 않죠. 언론 기사나 TV 토론 장면을 보면 알 수 있듯이, 글솜씨나 말솜씨로 존경받는 언론인이나 학자 중에도 요약 능력이 부족한 사람이 많습니다. 저 또한 글을 쓰면서 요약이 제대로 되지 않아 난감할 때가 흔하고요.

그러니 아이가 요약에 서툴러도 실망할 이유가 전혀 없습니다. 요약은 고급 언어 기술이니까 실력 향상이 느린 게 당연합니다. 천천히 느긋하게 웃으면서 요약 연습을 시키라고 권해드립니다.

7 압축 단어를 활용하면 요약이 더 쉽다

《돈키호테》를 한 낱말로 요약할 수 있겠니?

책을 읽었는데 남는 게 없는 건 왜일까요? 요약 능력이 없어서 그런 겁니다. 요약을 못 하는 건 구멍 난 숟가락으로 수프를 떠먹는 것과 같습니다. 읽자마자 내용이 마음 밖으로 흘러 나가는 것입니다. 배운 내용을 정확히 이해한 후 중요 내용을 골라서 압축하는 것이 요약입니다. 그렇게 요약된 정보는 머릿속에 저장하기 좋습니다.

앞에서는 중심 내용은 남기고 주변 내용은 생략하는 요약법에 대해서 이야기했는데, 압축 단어를 활용하면 요약이 더 쉽습니다. 긴 내용을 한두 개의 단어로 압축하는 것입니다.

예를 들어볼게요. 엄마와 아이가 TV를 보고 있는데 가수 A의 인터뷰가 방송되고 있습니다. 가수 A는 이렇게 말했습니다.

"안녕하세요. 오랜만에 인사드립니다. 저는 사실 병원에 다니느라 1년 넘게 활동을 못 했어요. 모든 게 두려웠어요. 사람 앞에 나서는 게 무서웠고, 신곡이 외면 당하지는 않을까 공포감을 느꼈어요. 이제는 많이 나아졌어요. 마음의 병이 고쳐진 겁니다. 노래 연습도 즐겁게 하고 있어요. 의사 선생님이 큰 도움을 줬어요. 또, 아직도 나를 좋아하는 팬들이 많다고 생각하니 마음이 다시 편해졌습니다."

위의 장황한 말을 어떻게 요약할 수 있을까요?

(1) 가수 A가 컴백했다.

(2) 가수 A가 1년 동안 병원에 다녔다.

(3) 가수 A가 1년 동안 활동을 멈춘 것은 무서워서였다.

(4) 가수 A는 심리 치료를 받고 1년 만에 컴백했다.

가장 점수가 높은 요약문은 (4)입니다. 중요한 사실을 담고 있거든요. (1)은 짧아서 좋지만 중요 내용을 많이 빠트렸으니 좋은 요약이 아닙니다. (2)와 (3)은 컴백 소식이 누락되어 있으니 요약 축에도 들지 못하죠.

(4)처럼 요약하려면 뭐가 필요할까요? 어휘력입니다. 뜻이 압축된 단어를 활용하는 능력을 길러야 요약을 잘할 수 있습니다. (4)에서는 '심리 치료'가 압축 단어입니다. 그런 단어를 알았기 때문에 요약이 가능했습니다.

압축 단어를 활용해 요약하려면 다음의 3단계를 거치면 됩니다.

1단계: 원문을 꼼꼼히 읽고 주요 내용을 이해한다.

2단계: 주요 내용을 나타낼 압축 단어를 선택한다.

3단계: 압축 단어를 활용해 요약문을 만든다.

이 중에서 핵심 단계는 2단계입니다. 즉 의미를 압축적으로 표현하는 단어를 찾아내는 게 요약의 정수입니다.

예를 더 들어보겠습니다. 토끼와 거북의 경주 이야기를 읽은 아이 두 명이 각기 요약을 했습니다.

아이 1: 토끼는 자기가 이긴다고 건방지게 생각해서 졌다.

아이 2: 교만이 토끼의 패배 원인이었다.

아이 2의 요약이 더 깔끔합니다. '교만'이라는 단어로 긴 내용을 압축했습니다. 그런 단어를 알아야 간단 명쾌하게 줄일 수 있습니다.

앞에서 중요하지 않은 내용을 선택해 생략하고, 중요 내용은 유지하는 게 요약의 기술이라고 했습니다. 그런데 중요 내용을 압축하는 단어를 찾는 것도 요약의 또 다른 기술입니다. 크고 두꺼운 오리털 이불을 압축 비닐 속에 집어넣듯 압축 단어에 뜻을 밀어 넣어야 좋은 요약문이 만들어집니다.

물론 아이에겐 쉽지 않은 일이지만 넘어야 하고 또 넘을 수 있는 산입니다. 달릴수록 심폐 기능이 향상되듯이 반복된 연습 속에서 요약 능력도 자라게 됩니다. 학교에서 돌아온 아이에게 "오늘 재미있었니?" 대신 이렇게 질문하는 건 어떨까요?

- ☺ "오늘 학교 생활을 두 낱말로 요약할 수 있겠니? '지루함'과 '짜증'이라고? 어제는 '설렘'과 '기쁨'이라고 했잖아. 오늘 무슨 일이 있었던 거야?"

- ☺ "선생님 말씀 중에서 가장 기억에 남는 게 뭐야? 주제를 한 낱말로 말할 수 있을까? 환절기니까 감기를 조심하라고 하셨다고? 그럼 선생님 말씀의 주제는 '건강'이구나."

책 내용을 요약할 땐 표현하는 단어를 하나 고르도록 할 수도 있습니다.

- ☺ "《걸리버 여행기》를 한 낱말로 표현한다면 '모험'이 아닐까? 그러면 모험에 대한 이야기는 또 뭐가 있니? 《피터팬》이 있구나. 또 뭐가 있지? 《오즈의 마법사》?"

- ☺ "《양치기 소년》을 낱말 하나로 표현한다면 뭘까? '정직'이 아닐까? '거짓말'이라고 해도 되겠네."

- ☺ "《행복한 왕자》를 하나의 단어로 줄이면 뭘까? '희생'이라고 하면 될 것 같아."

- ☺ "《지킬 박사와 하이드 씨》를 압축하는 낱말은 뭘까? '변신'이라

고? 맞아. 그렇게 말해도 되겠다. 그런데 '이중성'은 어떨까? 그 이야기는 인간의 이중성을 보여주잖아."

😊💬 "《돈키호테》를 한 낱말로 압축할 수 있겠니? '환상'이라고 하면 될 것 같다. 풍차를 거인인 줄 알고 싸우는 장면이 나오니까, 《돈키호테》는 환상에 대한 이야기라고 할 수 있겠어."

이 외에도 많습니다. 《로미오와 줄리엣》은 '슬픈 사랑', 《심청전》은 '효심', 《개구리 왕자》는 '약속'이 압축 단어입니다. 또 《피노키오》는 '성장', 《아기 돼지 삼형제》는 '성실', 《백설공주》는 '질투'에 관한 이야기라고 할 수 있겠습니다.

물론 근본 처방은 독서입니다. 글을 많이 읽어서 어휘력을 키운 아이가 적절한 낱말을 고르고 압축하는 능력도 좋을 수밖에 없습니다. 하지만 머릿속에 낱말이 쌓였다고 해서 저절로 압축 능력이 생기는 건 아닙니다. 의식적 노력과 반복 연습이 중요합니다. 위에서 많은 예를 제시한 것도 그런 이유이고요.

천천히 그리고 꾸준히 압축 요약 연습을 지속한 아이는 간이 커집니다. 어떤 글을 읽어도 자신만만합니다. 뚝딱 줄여서 자기 것으로 만들 수 있으니 겁날 이유가 없는 것이죠. 해병대 캠프가 아니라 압축 요약 훈련이 용감한 아이를 키워냅니다.

8 적절한 예시로 이해를 돕는다

"예를 들어줄 수 있겠니?"

주장이나 설명을 했다면 그다음에 꼭 필요한 것이 예시입니다. 예를 들어줘야 하는 것이죠. 가령 '너는 나를 행복하게 한다'라고 말한 다음에는 어떤 경우에 행복한지 시시콜콜 알려주는 겁니다. 그래야 상대방이 나의 말을 정확히 이해할 수 있습니다. 예를 제시하지 못하면 아무리 좋은 주장을 펴더라도 이해와 설득을 얻지 못하죠. 그러니 자녀의 예시 능력을 길러주는 게 무척 중요합니다.

어떻게 하면 될까요? 아주 쉽습니다. 예를 들어달라고 자주 부탁하면 되는 것입니다.

상황을 가정해보겠습니다. 아이가 불만을 말했습니다. "아빠는 저에게 너무 무관심해요"라고 말이죠. 이런 주장을 했다면, 당연히 어떤 점에서 무관심하다고 느꼈는지 예를 말해야 합니다. 아이가 말하지 않으면 부모가 물어보면 됩니다.

🙂💬 "어떤 점에서 무관심하다는 거지? 예를 들어줄 수 있겠니?"

🙂💬 "근거가 있으니까 그런 주장을 한 거지? 어떤 일이 있었는지 말
해줄래?"

예를 제시하지 못하고 주장만 내세우는 아이들이 적지 않습니
다. 적절한 예시가 있어야 주장이 힘을 얻는다는 걸 질문을 통해 아이
에게 꼭 알려줘야 하겠습니다.

이번에는 아이가 《빨간 머리 앤》을 읽고 나서 "앤은 용기가 넘치
는 아이예요"라고 말합니다. 왜 그렇게 생각했는지를 예를 들어서 말
하게 하려면 이렇게 질문하면 됩니다.

🙂💬 "앤이 어떤 행동을 했는지 예를 들어볼래?"

🙂💬 "어떤 행동을 했기에 앤이 용감하다고 생각하는 거니?"

아이가 "오늘은 기분 좋아지는 음식을 먹고 싶어요"라고 했다면
이렇게 물어보세요.

🙂💬 "예를 들어볼래? 떡볶이? 라면? 아빠가 다 해줄게. 원하면 치킨
을 시켜줄 수도 있고."

😊💬 "기분 좋아지는 음식이라고? 그러면 기분 나빠지는 음식도 있겠네? 너의 기분을 흔드는 음식들은 무엇인지 말해볼래?"

"타임머신을 만들어서 제가 가고 싶은 시대로 여행 가고 싶어요" 라고 말하는 아이에게도 예시를 부탁할 수 있습니다.

😊💬 "예를 들면 어느 시대로 가고 싶니? 세종대왕 시대? 아니면 서기 3000년? 왜 그 시대로 가고 싶은지도 말해주면 좋겠다."

😊💬 "혹시 가고 싶지 않은 시대도 있니? 예를 들어서 무서운 공룡들이 살거나 인간들이 더 무섭게 전쟁을 벌이던 시대 말이야. 네가 정말로 가기 싫은 시대를 말해줄래?"

느끼셨겠지만, 예시는 3가지 기능을 합니다. 첫째, 설득력을 높입니다. 예를 제시하면 나의 주장이 맞다고 납득시킬 수 있습니다. 둘째, 예시는 쉽게 이해하게 돕습니다. 어렵고 추상적인 개념도 예를 제시하면 알아듣기 쉽습니다. 셋째, 예시는 뜻을 명확히 합니다. 의도하지 않은 모호성을 없앨 수 있죠. 가령 "나는 호남형을 좋아한다"에서 호남형이 어떤 유형의 사람인지 예를 들면 뜻이 더 분명해지죠.

생활하면서 "예를 들어볼래?"라고 자꾸 질문을 하면 아이는 설득력이 강하고 분명하게 말하는 능력을 갖게 될 것입니다.

9 개념 정의로 이해가 더 선명해진다

"스마트폰은 너에게 무엇일까?"

개념을 정의하는 건 공부에 있어 출입문과 같습니다. 공부는 중요한 개념을 정의하는 데서 시작되기 때문입니다. 대학교 교재에서나 그럴 것 같다고요? 아닙니다. 초등 과정 교과서도 대부분 개념 정의부터 이야기를 시작합니다.

예를 들어, 4학년 사회 교과서에는 촌락과 도시의 특징이 설명되어 있는데 가장 먼저 농업, 농촌, 어업, 어촌 등 여러 개념에 대한 정의가 등장합니다. 농업이 뭘까요? 어른도 금방 답이 나오지 않습니다. 그러나 교과서에는 개념이 정확히 기술되어 있습니다. 즉 농업은 '논밭을 이용해서 인간 생활에 필요한 식물을 가꾸고 동물을 기르는 일'이고, 어업은 '바다에서 물고기를 잡거나 기르고 김과 미역을 기르는 일 등'을 말합니다.

그래도 사회나 국어의 개념 정의는 비교적 수월한 편입니다. 과학 과목의 개념 정의는 절대 만만하지 않아요. 초등 3학년이 배우는 개념 3가지를 소개해볼게요.

고체: 담는 그릇이 바뀌어도 모양과 부피가 일정한 물질의 상태.

액체: 담는 그릇에 따라 모양은 변하지만 부피는 변하지 않는 물질의 상태.

기체: 담는 그릇에 따라 모양과 부피가 변하고, 담긴 그릇을 항상 가득 채우는 물질의 상태.

아이들이 이해하기가 쉽지 않습니다. 그런데 찬찬히 읽어보면 이 개념 정의에 숨어 있는 아이의 지적 능력에 대한 사회적 기대가 느껴집니다. '3학년이면 이 정도는 이해할 수 있다'고 가정한 것입니다. 비록 외부에서 정한 사회적 기대이지만, 아이들이 자라면서 이런 사회적 기대를 충족시킬 필요는 있습니다. 아이가 공부 잘한다는 소리를 듣기 위해서가 아닙니다. 아이의 행복한 학교 생활을 위해서입니다.

아이들은 교과서 내용을 이해하지 못하면 큰 스트레스를 받습니다. 좌절감도 느낄 수 있어요. 친구 관계만 스트레스와 불행의 원인이 아닙니다. 교과서의 개념 정의를 이해하고 습득할 수 있어야 아이의 학교 생활이 덜 힘듭니다.

학습은 독서가 기본이라며 독서만 시키는 부모들도 있는데, 아이가 독서만 잘한다고 해서 개념에 대한 이해도가 저절로 높아지지 않습니다. 스스로 뜻을 정의하는 연습을 해봐야 개념에 강한 아이가 됩니다. 이때 부모는 질문을 통해 도와줄 수 있습니다.

만약 아이가 진심 어린 표정으로 이렇게 말한다고 생각해봅시다.

"엄마, 나는 행복하고 싶어요."

이때 어떻게 대답할 건가요? "그래? 엄마가 행복하게 해줄게"라고 따뜻하고 감성적으로 대응할 수도 있지만, 온기는 부족해도 아이의 지적 발달에 도움이 되는 방식으로 반응할 수도 있습니다. 질문으로 행복의 뜻을 물으면서 행복을 정의해보라고 요구하는 것입니다.

"그렇구나. 그런데 행복이 뭐니?"

아이는 공부 스트레스가 심해서 휴식을 원했던 것인지 모릅니다. 친구와 다시 사이가 좋아지기를 바랐을 수 있고, 원하는 물건을 사고 싶었을 수도 있습니다. 또 부모와의 관계에 문제가 있어서 불행하다고 생각했을 가능성도 있습니다. 잠시 뇌를 가동시킨 아이는 이렇게 대답하게 될 것입니다.

"친구들과 기쁘게 지내는 게 행복이에요."
"행복은 엄마 아빠와 많이 노는 거예요."

아이가 저렇게 대답했다면 대단합니다. 행복이라는 흔한 개념
을 정의하려고 시도하는 건 어려운 지적 도전인데 아이가 그 어려움
을 극복하고 목표에 도달한 것입니다.

때때로 힌트를 주면서 특정 개념을 정의해보라고 질문을 던지
는 것도 좋습니다.

- "가족이란 무엇일까? 함께 밥 먹는 사람들? 서로 사랑하는 사람
  들? 잔소리하는 부모님과 참고 사는 아이들의 동아리?"
- "학교는 어떤 곳이니? 점심밥 주는 곳? 공부도 하고 놀기도 하는
  곳? 친구를 많이 사귈 수 있는 곳? 마음이 자라는 곳?"
- "친구란 무엇일까? 너와 나이가 같고 너를 기쁘게 하는 아이들?
  그런데 가끔은 힘들게도 하잖아. 너와 나이가 같고 너에게 슬픔
  은 조금, 기쁨은 많이 주는 아이들이 친구일까?"
- "책은 뭐야? 재미있는 글과 그림이 인쇄되어 있는 종이 묶음이
  라고 하면 어떨까? 책이 싫어? 그렇다면 정의를 바꿔야지. 싫어

도 읽어야 하는 글이 인쇄된 종이 뭉치라고 할 수도 있겠네."

😀💬 "밥은 무엇일까? 나에게 에너지를 주는 먹거리? 매일 나의 혀를 즐겁게 하고 배부르게 하는 고마운 음식이라고 해도 되겠다."

이렇게 말뜻을 설명해주는 이유이자 목표는 분명합니다. 개념 정의에 능동적인 아이로 기르기 위해서입니다.

개념 정의를 가르치는 게 부담스럽고 어려워 보인다고요? 그런 분들을 위해 아주 쉬운 방법을 소개합니다. 바로, 미리 사전을 찾아보고 사전적 정의를 아이가 이해할 수 있게 조금 변형해서 말해주는 것입니다. 여기서 한 단계 더 나아가, 비슷한 말과 반대말을 이용해 개념 정의를 하는 방법도 있습니다. 그러니까 개념 정의를 쉽게 하는 방법은 3가지입니다. 사전적 의미로 정의하기, 비슷한 말로 정의하기, 반대말로 정의하기가 그것이죠.

먼저, 사전적 정의의 예를 보겠습니다.

타임머신이란 시간을 여행하는 기계이다.
새는 날개와 깃털이 있고 다리가 둘인 동물이다.

전형적인 사전적 정의입니다. 국어사전의 말뜻 풀이처럼 정의했습니다.
비슷한 말을 활용해서 뜻풀이를 할 수도 있습니다.

타임머신은 시간 속을 달리는 자동차다.

컴퓨터의 CPU는 사람의 뇌와 같은 것이다.

타임머신은 시간이라는 길을 달립니다. 그러니 자동차와 비슷하죠. 컴퓨터의 CPU는 사람으로 치면 뇌에 해당합니다. 이렇게 비슷한 말을 이용해도 개념 정의를 간단히 할 수 있습니다. 짐작하셨겠지만, 비슷한 말로 정의하는 것은 곧 비유를 통한 정의입니다. 예를 더 들어볼게요.

- "책이란 무엇일까? 책은 마음의 밥이다. 책을 잃지 않으면 마음이 굶주리게 돼. 크지도 못하고 점점 쇠약해질 거야."
- "부모란 무엇일까? 따뜻한 햇살이 아닐까? 어린아이가 무럭무럭 자라게 도와주니까 말이야. 아니라고? 큰 소리로 야단도 치니까 부모는 가끔 천둥이라고? 그것도 좋은 비유네."
- "스마트폰은 뭘까? 정신의 블랙홀이 아닐까? 너의 정신을 다 빨아들이잖아. 또 시간과 에너지도 다 스마트폰에 빨려 들어가. 아니라고? 망원경이라고? 먼 세상의 일도 알게 해주니까 스마트폰은 좋은 기계라는 뜻이구나. 그렇게 정의해도 되겠네."

반대말을 이용해서 정의할 수도 있습니다.

기쁨은 슬프지도 않고 괴롭지도 않은 마음이다.

존중은 무시의 반대말이다.

정의하기 위해 그 개념을 파고들어야 하는 것은 아닙니다. 반대말을 가져와 대비시키기만 해도 뜻풀이가 됩니다.

- ☺💬 "친구란 뭘까? 친구는 경쟁자가 아니야. 서로 응원하고 돕는 게 친구인 거야."
- ☺💬 "스마트폰이 뭐지? 스마트폰은 너의 뇌가 아니야. 귀나 눈도 아니지. 스마트폰은 몸의 일부가 아니니까 자주 떨어뜨려봐야 하는 거야."

낱말의 뜻을 이해해야 정확한 정의가 가능합니다. 역으로, 정의하려고 애쓰는 과정에서 대상의 의미를 선명하게 이해할 수 있습니다.

말할 것도 없이 정의는 고차원적인 지적 활동입니다. 짐작하는데, 어른 중에서도 90%는 개념 정의를 어려워할 것입니다. 그러니까 개념 정의 능력을 길러주면 우리 아이가 최상위의 지적 능력을 갖게 된다는 뜻입니다. 만만치 않지만 도전할 가치가 있습니다.

복잡한 내용은 이미지화한다

"그림으로 정리할 수 있겠니?"

정보를 그림화하면 복잡한 지식도 쉽게 이해할 수 있습니다. 그러니까 "그걸 아직도 모르겠니?"라고 짜증내며 다그칠 것이 아니라, 아래처럼 차분히 질문하는 게 현명합니다.

- "책을 다 읽었어? 책 내용을 그림으로 정리할 수 있겠니?"
- "배운 내용을 도표로 표현할 수 있겠니? 공부한 게 일목요연하게 정리될 거야."

그렇습니다. 글보다는 그림이 이해하기 쉽습니다. 어린이용 백과사전을 보면 벤다이어그램, 지도, 타임라인, 개요도 등이 가득합니다. 초등학교 교과서에도 이미지가 많은데, 때로는 배운 걸 이미지로 정리하라고 권합니다. 명칭은 과목마다 다르네요. 가령 6학년 사회 교과서에는 '배운 내용을 생각그물로 정리하라'고 되어 있고, 4학년 국어 교과서에서는 '개념지도를 그려서 정리하는 방법'을 설명합니다. 둘이 비슷한데, 우리는 '개념지도'라고 하겠습니다.

개념지도를 만드는 건 재미있습니다. 또 자유로워서 아이가 원하는 방식대로 만들 수 있습니다. 예를 들어, 세종대왕의 업적을 개념지도로 요약할 수 있습니다.

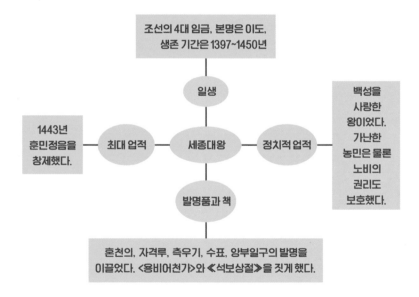

개념지도를 보는 건 글로 읽는 것과 전혀 다릅니다. 지식이 한눈에 들어오면서 머릿속에서 정리가 되니 눈이 시원하고 머리도 개운

합니다. 아이가 개념지도를 그리게 하려면 이렇게 질문하면 되겠습니다.

- ☺☺ "세종대왕의 인생과 업적을 개념지도로 표현해볼까?"
- ☺☺ "이건 아주 어렵기는 한데, 지구의 특징이나 역사를 개념지도로 정리할 수 있겠니?"
- ☺☺ "네가 어떤 사람인지 개념지도로 표현하는 건 어떨까? 책 내용을 정리하는 것보다 더 의미 있지 않을까?"

그렇습니다. 세종대왕이나 지구가 아니라 나 자신의 개념지도도 만들 수 있습니다. 예를 들면 이런 모양이 되겠죠.

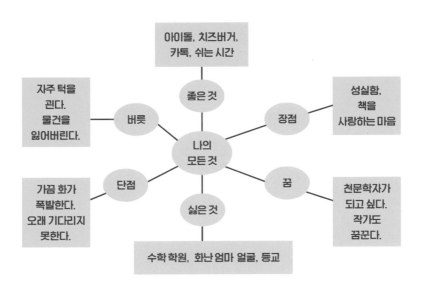

나는 누구이며 무엇을 좋아하고 어떤 꿈을 꾸는지 등이 깔끔하게 정리되었습니다. 이런 개념지도는 내가 나 자신을 이해하는 데 무척 큰 도움을 줍니다.

개념지도 그리기는 정보를 정리하고 이해하는 아주 좋은 방법입니다. 공부가 복잡하고 어렵다고 아이가 호소할 때마다 물어보면 됩니다. "개념지도를 그려봤니?"라고 말입니다.

- 😊 "너무 복잡해서 혼란스럽다고? 그럼 어떻게 해야 할까? 개념지도를 그리면 해결될 거야."
- 😊 "개념지도를 그려봤니? 역사, 과학, 수학, 영어 등 모든 과목을 쉽게 정리할 수 있단다."

지식을 이미지화하는 방법은 개념지도 말고도 아주 많습니다. 가장 쉬운 이미지화는 벤다이어그램입니다. 학교에서도 배우는 벤다이어그램은 특히 공통점과 차이점을 한눈에 보여줘서 좋습니다. 예를 들어 식물과 동물이라는 두 개념을 비교하거나 대조한다면 97쪽과 같은 벤다이어그램을 만들 수 있습니다.

아이에게 "동물과 식물의 공통점과 차이점을 그림화해볼까?"라고 물어보십시오. 교과서와 책에서 봤던 많은 정보를 풀어내서 재미있는 벤다이어그램을 뚝딱 만들어서 부모를 감동시킬지도 모릅니다. 물론 일상의 문제도 벤다이어그램의 소재가 될 수 있습니다.

식물		동물
· 대부분 움직이지 않는다. · 파리지옥 등을 제외하고는 양분을 스스로 만든다. · 이산화탄소를 흡수한다.	· 태어나고 성장하고 죽는다. · 생존을 위해 에너지가 필요하다. · 번식을 한다.	· 산호 등을 제외하고는 대부분 움직인다. · 스스로 양분을 만들 수 없어 다른 동식물을 먹어야 한다. · 산소를 흡수한다.

아빠와 엄마의 공통점과 차이점, 아이 자신과 강아지의 공통점과 차이점을 찾아 벤다이어그램으로 표현할 수도 있습니다.

😊💬 "아빠와 엄마의 공통점이 뭐니? 차이점은 뭐야? 벤다이어그램으로 표현할 수 있겠니?"

😊💬 "강아지와 너는 어때? 귀엽다는 점이 공통점이야. 사랑받는 것도 같아. 그러면 차이점은 뭘까?"

플롯 다이어그램(줄거리 그림)도 유용합니다. 책, 영화, 드라마, 개그 등 거의 모든 즐길 거리는 줄거리가 있기 마련이고, 줄거리는 단순한 이미지로 요약하는 게 가능합니다. 시작에서 끝까지 중요 사건을 적어 넣으면 줄거리 그림이 완성됩니다.

예를 들어 《신데렐라》의 경우 '시작'은 아빠의 재혼입니다. 새엄마가 차별을 하고 무도회 참석을 방해한 것은 '위기 발생'이고, 마차를 타고 급히 집으로 달려온 것은 '절정'입니다. 그리고 '위기 해결'은 신데렐라가 유리 구두를 신었을 때 되었고, 신데렐라의 행복한 결혼이 '끝'입니다.

플롯 다이어그램은 얼마든지 변용할 수 있습니다. 위기나 갈등이 여러 개라면 절정 봉우리를 두 개나 세 개로 그려도 됩니다. 또 위기의 강도에 따라 봉우리의 높이와 각도가 달라집니다.

😊💬 "《지킬 박사와 하이드 씨》의 줄거리를 그림으로 만들 수 있겠니? 시작, 위기 발생, 절정, 위기 해결, 끝으로 나눠서 표현하면 된단다."

😊💬 "네가 최근에 겪은 일을 줄거리 그림으로 그려볼까? 엄마와 다퉈서 말도 하지 않았다가 어느 날 극적으로 화해했잖아. 동화 줄거리처럼 그림으로 표현할 수 있지 않을까?"

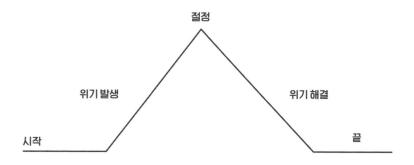

개념 다이어그램을 만드는 것도 재미있습니다. 아래의 다이어그램은 물의 순환 과정을 정리한 것입니다.

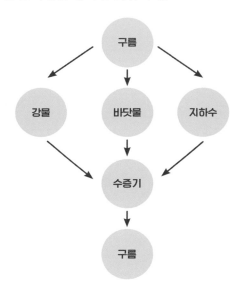

아이들은 4학년때 물의 순환에 대해서 배웁니다. 물은 수증기로 증발하고, 수증기는 구름으로 응결되었다가 비나 눈으로 내려서 강과 바다에 모입니다. 그리고 강물과 바닷물은 다시 수증기로 증발한 후에 구름이 됩니다. 복잡해 보이지만 내용을 이미지화하면 아이가 아주 쉬워할 것입니다.

양이 많고 복잡한 정보도 이미지로 정리할 수 있습니다. 이미지화는 원인, 결과, 해결책으로 구분해서 하면 편합니다. 예컨대 지구온난화 현상을 원인, 결과, 해결책으로 나눠서 정리하는 게 한 방법입니다.

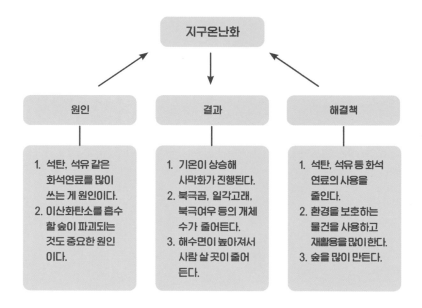

아이의 일상생활에 대해서도 이미지화를 하도록 질문할 수 있습니다.

- 😊💬 "친구와의 갈등 문제를 원인, 결과, 해결책으로 나눠서 생각하고 표나 그림으로 표현해볼래?"
- 😊💬 "요즘 우리 가족이 야식을 너무 자주 먹는 것 같다. 왜 야식 횟수가 늘었을까? 건강에는 좋을까? 일찍 자면 야식 횟수가 줄어들까? 아니면 기름기가 적은 야식을 선택하면 어떨까? 원인, 결과, 해결책으로 나눠서 다이어그램을 그릴 수 있겠니?

설명한 것 외에도 정보의 이미지화 방법은 많습니다. 역사적 사건들을 시간 순서로 정리하는 타임라인이 그 예입니다. 타임라인을 하나 만들고 나면 아이는 자신만의 연표를 갖게 됩니다. 또 그림을 모사해도 좋습니다. 예를 들어 태양계 그림을 책에서 봤다면 따라 그려 보는 것입니다. 눈으로 볼 때와는 즐거움이 다릅니다. 손으로 그리는 동안 행성의 위치, 크기, 모습 등에 대한 아이만의 고유한 감각이 생겨날 테니까요.

이미지화 연습을 하는 아이는 정보를 정리하고 이해하는 법을 터득하게 됩니다. 또 복잡한 정보를 꿰뚫어서 핵심을 찾아내는 통찰력도 싹틉니다. 정보의 이미지화는 놀이처럼 시작할 수 있어서 더 좋습니다.

3

활용 능력을
높이는 질문

활용 능력
지식을 새로운 상황에 적용할 수
있는 능력

활용 질문의 기본 패턴
"책에서 배운 지식으로 이걸 설
명할 수 있겠니?"
"이 이야기의 교훈은 뭘까?"

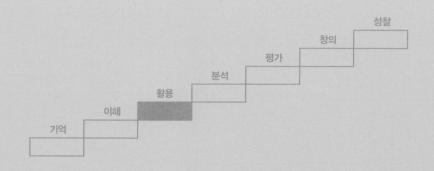

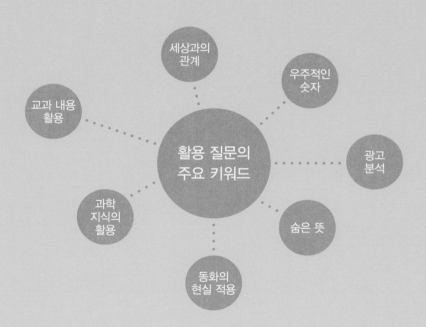

세상과 나의 관계를 알려준다

"유재석 아저씨와 너는 어떤 관계일까?"

기억과 이해보다 한 단계 높은 사고 능력이 활용입니다. 기억하고 이해한 지식을 활용하는 방법이 많다는 걸 알려주세요. 그러면 아이가 입을 쩍 벌리고 감동할 겁니다. 지식이 이렇게 유용한지 몰랐다면서 놀라겠죠. 또 더 많이 배우고 싶어 할 겁니다. 지식 활용 연습이 아이의 향학열을 불태웁니다.

첫 단계는 몇 가지 개념을 활용해서 세상과 아이의 관계를 알려주는 것입니다.

첫 번째 질문 거리는 TV에서 매일 보는 유명인입니다.

😊💬 "너와 유재석 아저씨는 어떤 관계일까? 어떤 걸 주고받는 사이일까?"

'유재석'이라는 이름이 나오니 아이 눈이 동그래집니다. 나와 유명인의 관계라니, 생각만 해도 기분 좋고 꼭 알고 싶은 주제일 겁니다. 유재석 외의 다른 연예인이나 유튜브 크리에이터라도 상관없습니다. 까마득히 멀리 존재하는 유명인 누구든 아이와 관계있습니다. 그 관계를 단순하게 도식화하면 아래처럼 됩니다. 이 도식에서 스타가 받는 정서적 보상, 즉 보람이나 성취감 등은 생략했습니다.

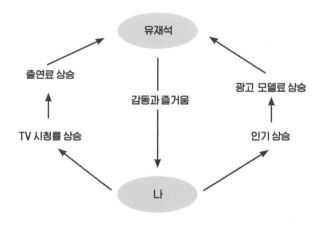

도식을 보면, 유재석과 아이의 관계에서 유재석이 먼저 영향을 끼칩니다. 어린이인 '나'에게 감동과 즐거움을 줍니다. 공부 스트레스에 찌들어 사는 '나'는 유재석 덕분에 크게 웃을 수 있습니다. 또 가끔은 가슴이 벅차오르는 감동도 느끼죠. 참 고마운 일입니다. 감동과 즐거움을 계속 느끼고 싶은 '나'는 자연스레 유재석이 나오는 TV 프로그램을 더 많이 보겠죠. 그러면 유재석이 출연하는 프로그램의 시청률이 올라가고, 방송사는 유재석의 출연료를 올려줄 것입니다. 고액의 출연료를 받은 유재석은 그 돈으로 가족들과 맛있는 걸 사먹으며 행복하게 지낼 것입니다. 유재석은 프로그램 출연료 외에 광고 모델료도 받게 됩니다. 이 또한 '나'를 포함한 시청자의 선물입니다.

그러니까 유재석과 '나'는 즐거움과 인기를 주고받는 사이입니다. '나'는 웃어서 행복해지고 유재석은 수입이 늘어서 행복해집니다. 유재석과 '나'는 영향을 교환하면서 서로를 행복하게 만드는 관계인 것입니다. 그런 관계는 유재석뿐만 아니라 다른 스타나 유명 크리에이터, 웹툰 작가와도 형성되어 있습니다. 펭수, 뽀로로와도 다르지 않고요.

> 😊💬 "펭수는 너에게 어떤 영향을 끼칠까? 너를 포함한 어린이들이 좋아하면 펭수에게는 어떤 일이 일어날까?"
> 😊💬 "웹툰 작가가 고생스럽게 작품을 만들어서 무료로 보여주는 이유가 뭔지 생각해봤니? 독자에게 행복과 기쁨을 선물하면 작가는 어떤 것을 얻을까?"

위의 질문과 설명을 들은 아이는 세상의 복잡한 관계를 이해하기 시작할 것입니다. 똑똑해지는 것이죠. 아울러 거대한 세상에 참여 중인 자신의 중요성을 깨달으면서 자기 평가가 높아집니다.

이런 종류의 질문과 설명은 얼마든지 할 수 있습니다.

🙂💬 "대통령과 너는 어떤 관계일까? 누가 대통령이냐에 따라 교육 정책이 달라져. 무엇을 얼마나 공부해야 하는지, 공휴일은 언제 인지도 대통령의 정부가 결정할 수 있어. 이렇게 대통령이 네 생활에 영향을 끼치는 거야. 그런데 너도 대통령에게 영향을 끼친 단다. 대통령은 누가 선출하지? 엄마 아빠를 포함한 유권자들이야. 엄마 아빠는 내 아이에게 도움이 될 사람을 대통령으로 선출해. 아이에게 해로운 사람은 대통령이 되기 어렵지. 그러니까 아이들도 대통령 결정에 큰 역할을 하는 셈이지."

🙂💬 "기업과 우리 가족의 관계를 생각해볼까? 기업은 상품을 만들고, 우리 가족은 그 상품을 구입해. 우리 가족은 기업 덕분에 좋은 상품을 쓰고 입고 먹을 수 있고, 기업은 우리 가족 덕분에 돈을 벌 수 있는 거야. 그러니까 기업과 우리 가족은 상품과 돈을 주고받는 아주 중요한 사이란다."

🙂💬 "아빠와 유재석 아저씨는 너와의 관계에서 어떻게 다른 것 같니?"

여러 가지가 다르죠. 유재석은 야단 치지 않고 잔소리를 하지 않습니다. 하기 싫은 공부도 강요하지 않습니다. 아빠는 다릅니다. 야단 치고 공부하라고 잔소리를 합니다. 또 다른 차이가 있어요. 유재석 아저씨는 '나'에게 용돈을 주지 않지만 아빠는 용돈, 먹을 것과 입을 것도 다 사줍니다. 아빠는 엄마와 함께 '나'에게 모든 걸 헌신하는 고마운 분들입니다.

그런 차이를 알아낸 아이는 아빠와 엄마를 달리 볼 겁니다. 어쩌면 심청처럼 갸륵한 효녀 혹은 효자가 되기로 굳게 마음먹을지도 모르죠. 아울러 행복, 관계 같은 개념을 활용해서 세상을 설명하는 재미도 알게 될 것입니다.

이렇듯 질문과 답하기로 지식 활용의 기쁨을 체험한 아이는 달라집니다.

2 우주적인 숫자로 상상력을 넓힌다

"머리카락 한 올에 원자를 몇 개나 올릴 수 있을까?"

아래 질문들은 초등 고학년이면 모를까, 1~4학년에게는 어렵습니다. 그런데 목표는 내용을 완전히 이해하고 기억하는 게 아닙니다. 상상도 못 할 어마어마한 세계가 존재한다는 걸 아이가 느끼기만 해도 질문의 목표는 일부 이루는 것입니다.

숫자 활용의 기회를 주는 것도 질문의 또 다른 목표입니다. 숫자는 추상적이어서 어렵지만, 놀라운 현상을 설명하는 데 활용하다 보면 친숙해질 겁니다. 아이는 왜 숫자를 배워야 하는지 이유도 알게 되겠죠. 아래 질문들은 숫자를 사랑하게 만들어줄 물음들입니다.

먼저, 태양과의 거리를 묻는 질문입니다.

한마디로 (1)에 대한 대답은 재미가 없습니다. 지구에서 태양까지의 거리는 약 1억 5,000만km인데 이 수치만으로는 추상적이고 무미건조한 대답이 됩니다. (2)에 대한 대답이 좀 더 재미있습니다. 태양까지 차를 타고 간다고 상상하면 왠지 신이 납니다. (2)에 대한 답변을 해볼까요?

자동차를 타고 시속 100km로 달리면 태양까지 170년이 걸립니다. 서른 살에 출발하면 이백 살이 되어야 하니까, 본인은 물론이고 자녀와 손주도 모두 수명을 다한 뒤에 태양에 도착할지도 모릅니다. 그렇게 말해주면 아이는 '상상을 초월한 먼 거리'라고 이해할 것입니다.

아이에게 자동차 대신 빛은 어떨까 물어볼 수도 있습니다. 빛의 속도는 약 초속 30만km입니다. 어마어마한 속도죠. 사람이 아무것도 할 수 없는 1초라는 시간에 빛은 지구를 7.5바퀴 뱅뱅뱅 도는 것이니까요. 또 빛은 1초 남짓한 시간에 달에서 지구까지 올 수 있습니다. 하지만 태양은 훨씬 멀리 있어서 태양에서 출발한 빛이 지구에 도착하기까지 8분 20초가 걸립니다. 해가 아침 햇살 한 줄기를 보낸 후 분침이 8회 정도 돌아야 그 빛이 우리 눈에 도달하는 것입니다. 이 정도로 지구와 태양은 멀리 떨어져 있습니다.

우리는 태양계에 살고 있습니다. 저 멀리 있는 명왕성까지 태양 빛이 도달하는 시간은 약 5시간 30분입니다. 그런데 태양계는 우리 은하의 한 부분입니다. 우리 은하의 지름은 약 10만 광년입니다. 빛이 10만 년 동안 날아가야 우리 은하의 끝에서 끝까지 여행할 수 있습니다. 역시 상상하기도 어려운 거리입니다.

태양계에는 별이 하나입니다. 바로 태양이 유일한 별입니다. 그러면 우리 은하에는 얼마나 많은 별이 있을까요? 우리 은하에는 약 1,000억 개의 별이 있고, 우주에는 그런 은하가 1,000억 개 정도 더 있습니다(이 숫자는 확정적 진실이 아닙니다. 어떤 연구자는 우리 은하의 별 개수를 5,000억 개로 추산합니다. 또 우주의 전체 은하 개수가 2,000억 개 이상이라고 추정하는 연구 결과도 있어요).

위의 지식에 기반해서 아이에게 이렇게 질문을 해보세요.

- "빛은 1초에 얼마나 날아갈까? 지구 몇 바퀴를 돌 수 있을까?"
- "빛이 태양에서 지구까지 오는데 얼마나 걸리는지 아니?"
- "태양빛이 명왕성까지 이르는 시간은 어느 정도일까?"
- "태양계가 속한 우리 은하에는 별이 몇 개나 있을까?"
- "우주에는 은하가 몇 개 있는지 아니?"

이런 질문이 그저 지식만 늘려주지 않습니다. 아이는 빛 한 줄기의 기적 같은 속도에 놀라고, 우주의 거대함에 압도되고, 자신이 얼마나 신비로운 곳에 살고 있는지 실감합니다.

이와 반대로, 작은 숫자의 세계도 흥미롭게 알려줄 수 있습니다. 머리카락 한 올에 원자를 몇 개나 올려놓을 수 있을까요? 100만 개라고 말해주면 됩니다. 원자의 크기에 따라 다르지만, 위키백과(wikipedia.com)에 따르면 탄소 원자 100만 개를 머리카락 한 올에 올려놓을 수 있습니다. 그리고 언론에도 자주 보도된 이야기인데요. 성인의 몸에는 약 7,000,000,000,000,000,000,000,000,000개의 원자가 있다고 합니다. 0이 27개나 됩니다.

아이에게 이렇게 질문하고 설명할 수 있습니다.

> 😊💬 "머리카락 한 올에 원자를 몇 개나 올려놓을 수 있을까? 100만 개 정도래. 원자는 상상도 못 할 만큼 작지?"

머리카락 한 올에 가로로 원자를 100만 개 정도 올릴 수 있다고 설명하면 아이가 얼마나 신기해할까요? 그 후로 한동안 머리카락만 보면 원자의 세계가 떠오를 것입니다. 아이는 새로운 지적 세계에 들어선 것입니다.

> 😊💬 "인간의 세포 하나에는 원자가 몇 개나 있을까? 100조 개라고 과학자들은 추산해."

이 외에도 우주의 역사, 인류의 역사, 지구, 동식물 등과 관련해

어마어마하게 크거나 작은 숫자들이 많습니다. 개중 중요한 것을 기억하면서 아이는 우주와 세계를 이해하는 데 필요한 기준점을 잡아갑니다.

- 🙂 "우주가 몇 살인지 아니? 약 138억 살이야. 지구 나이를 아니? 약 45억 살이야."

- 🙂 "지구에 사는 생물은 몇 종류일까? 여러 의견이 있는데 870만 종이라는 주장이 유력해. 육지 생물은 650만 종이고 해양 생물은 220만 종이야. 인간은 그중 하나일 뿐이야."

- 🙂 "세계 인구는 얼마나 될까? 약 79억 명이야. 중국과 인도 인구는 각각 14억 명이 넘고, 미국은 3억 명이 넘어. 한국은 5,000만 명이 조금 넘는 정도야."

- 🙂 "사람의 머리카락은 몇 올이나 될까? 머리카락의 올 수는 약 10만 올이야. 하루에 50올에서 100올이 빠진대."

좀 더 쉽고 웃기고 편안한 숫자 퀴즈도 물론 가능합니다. 아래와 같이 물어보면 어떨까요?

- 🙂 "사람이 하루에 방귀를 몇 번 뀌는지 아니? 구글 검색을 해보니 보통 사람은 최대 하루 20번 정도 방귀를 뀐다고 하더라. 자면서 자기도 모르게 뀌는 횟수까지 포함해서야. 아빠는 보통 사람

이 아닌가 봐. 하루에 50번은 뀌는 것 같으니까. 보통 사람과 아빠는 1년에 방귀를 몇 번 뀔까?"

"사람 심장이 1분에 몇 번 뛰는지 아니? 60번에서 80번이야. 하루면 약 10만 번이지. 그리고 평생 심장박동 횟수는 20억 번 전후라고 해. 심장이 바쁘게 뛰는 덕분에 우리는 생명을 유지할 수 있는 거야."

"어른 한 명이 하루에 오줌을 얼마나 누는지 아니? 최대 2리터라고 해. 2리터 생수 페트병을 가득 채울 수 있는 양이야. 한 달이면 30병이고, 일 년이면 오줌 365병을 모을 수 있어. 70년을 산다면 어떨까? 2리터 페트병 2만 5,550개만큼 소변을 보게 된대. 쌓아놓으면 수십 층 건물보다 높을 걸. 사람은 오줌을 어마어마하게 많이 배출하면서 살고 있어. 그런데 코끼리에 비하면 아무것도 아니야. 아프리카 코끼리는 하루에 오줌을 50리터 눈다고 하네. 사람의 25일치 소변량에 해당해. 놀랍지?"

3 광고 비평으로
대화의 수준을 높인다

"저 광고는 진실을 말하고 있을까?"

광고도 책만큼이나 유익한 대화의 매개가 될 수 있습니다. 광고에 대해 이야기하면서 중요한 개념을 배울 수도 있어요. 또 어떤 소비가 옳고 진정한 행복이 무엇인지도 알게 되죠.

예를 들어, 요즘은 치킨 프랜차이즈 업체에서도 동물복지를 많이 강조합니다. 미리 공부했다가 관련 광고가 나오면 이렇게 물어볼 수 있습니다.

"동물복지가 뭔지 아니? 그건 말이야~"

"동물복지 하면 연상되는 이야기가 없니? 엄마는 《마당을 나온 암탉》이 떠올라."

동물복지는 식용으로 기르는 동물에게도 쾌적한 삶의 환경을 제공하려는 노력을 뜻합니다. 동물에게 스트레스와 고통을 주지 않고 풍부한 먹이와 편안한 공간을 제공하는 게 동물복지 사육의 필수 조건이죠. 《마당을 나온 암탉》에는 좁은 닭장에 닭들을 가둬 기르는 농가가 나오는데, 동물복지에 대한 배려가 전혀 없는 가혹한 사육 시설입니다.

공익 광고에도 중요한 개념이 많이 등장합니다. 장애인 등 사회적 약자에 대한 배려, 금연의 필요성, 공정한 사회, 질서 준수, 환경 문제 등이 주제거든요. 이러한 광고는 수준 높은 대화의 계기가 될 수 있습니다.

다른 상황을 가정해보겠습니다. '어린이날 기념, 장난감 최대 60% 파격 할인!'이라고 적힌 광고 전단지를 아이가 내보였습니다. 장난감을 사달라는 뜻이죠. 이때 뭐라고 해야 할까요?

(1) "광고는 다 과장이야. 믿지 마."
(2) "60%나 할인한다고? 그 광고는 진실을 말하고 있을까?"

(1)은 틀어막기 반응입니다. 아이의 말문은 물론이고 생각까지 막아버립니다. (2)가 훨씬 낫습니다. 차분히 생각하고 이야기하자는 뜻이니까요. 아래와 같이 추가 질문을 하면 더 좋겠습니다.

😊💬 "최대 60% 할인이 무슨 뜻일까? 장난감 한두 종류는 60% 할인을 하고 나머지는 할인을 안 할 수도 있어. 모든 장난감을 대폭 할인한다는 뜻은 절대 아닐 거야."

😊💬 "광고만 믿고 무턱대고 사는 게 옳을까? 네가 원하는 장난감이 몇 %나 할인되어 얼마나 팔리는지 먼저 알아보는 건 어떨까?"

이번에는 상품 구입을 재촉하는 광고가 TV에 나옵니다. 광고 모델이 "크리스마스 특별 할인! 곧 품절됩니다. 서둘러 구입하세요"라고 하네요. 아이에게 이렇게 물어볼 수 있습니다.

😊💬 "저 광고의 문제점은 뭐라고 생각하니? 소비자를 서두르게 만들고 있지? 꼼꼼히 생각하고 상품을 구입해야지, 서두르면 안 된다고 엄마는 생각해. 그러니까 저 광고는 좋은 광고가 아니야. 네 생각은 어때?"

😊💬 "정말 품절 상황일까? 아니면, 그렇다고 과장을 하는 것일까? 이번에 품절이 되면 구입할 기회가 영영 없어질까?"

다음으로 음료 광고 이야기를 해보겠습니다. 한 업체에서 이런 TV 광고를 내보낸다고 가정해보겠습니다.

"이 탄산음료를 마시면 친구들과 즐거운 시간을 보낼 수 있어요. 많이 마시세요!"

실제로 저런 광고가 많죠. 어떤 음식이나 음료를 먹으면 생활이 즐거워진다고 선전하는 광고가 흔합니다. 아이들에게 뭐라고 말해줘야 할까요?

- ⊙● "저 광고가 숨기는 진실이 뭔지 알겠니?"
- ⊙● "저 음료수를 마시면 정말 즐거워질까? 많이 마시면 건강에는 해롭지 않을까?"

음료를 마시면서 친구들과 놀면 즐거울 수 있어요. 그런데 광고에서는 '음료에 설탕이 아주 많이 들어 있어서 건강에 해롭다'는 사실은 감춥니다. 음료뿐만 아니라 많은 식품 광고가 그런 문제점을 숨깁니다.

이번에는 신형 TV 광고를 보고 있습니다. 신형 TV를 구입하면 가족이 행복해진다는 광고에 설득되어서 조르기 시작한 아이에게 뭐라고 말해줘야 할까요?

- ⊙● "새 TV를 사면 우리 가족이 정말 행복해진다고 생각하니? 그 행복은 얼마나 갈까? 지난달에 새 컴퓨터를 구입했더니 며칠 동안 행복했었니?"

새 상품을 구입하면 기분이 좋아집니다. 그런데 문제는 그 행복감이 곧 사라진다는 겁니다. TV를 사도 일주일이면 기쁨은 익숙함이 되어버립니다. 광고는 그런 사실을 숨깁니다. TV를 사면 영원히 행복할 것처럼 주장하는데, 그게 문제입니다. 광고에 둘러싸여 살아가는 요즘, 아이에게는 이러한 광고의 문제점을 꼭 알려주어야 합니다. 그러기 위해 추가 질문과 설명을 할 수도 있겠습니다.

- 😊💬 "쇼핑이 사람을 행복하게 할까? 쇼핑 중독이 불행을 부른다는 걸 기억해야 하지 않을까?"
- 😊💬 "어떤 게 현명한 소비일까? 꼭 필요한 물건을 골라 소비해야 옳지 않을까?"

아이가 광고를 불신하도록 만들자는 게 아닙니다. 책을 읽을 때도 비판적이어야 하듯, 광고를 보면서 무엇이 문제이고 무엇은 타당한지 따지도록 이끌어야 한다는 뜻입니다. 그리고 광고에 대해 생각할 기회를 주자는 의미도 있어요. 자신의 지식을 활용해서 친숙한 광고를 비평하는 일은 컴퓨터 게임 못지않게 아주 신나는 경험입니다.

4 숨은 뜻을 찾으며 사고력을 높인다

"이 이야기의 숨은 뜻은 뭘까?"

'가정(假定)'도 알아두면 많은 곳에 활용할 수 있는 개념입니다. '숨은 전제' 혹은 '숨은 뜻'이라는 의미로, 이 개념이 아이의 사고를 깊게 만들 수 있습니다. 먼저, 가족들의 아주 흔한 말다툼 장면을 떠올려볼까요?

아이: "엄마는 왜 내 준비물을 챙기지 않았어요?"
엄마: "엄마가 준비물 챙기는 사람이니?"

보통 가족들의 다툼은 이렇게 시작하죠. 그런데 하나의 단어를 추가하면 대화의 수준이 달라집니다. '가정'이라는 개념을 쓰면 됩니다.

아이: "엄마는 왜 내 준비물을 챙기지 않았어요?"

엄마: "너의 가정이 이상하다. 엄마가 준비물 챙기는 사람이니?"

아래의 대화도 똑같습니다.

아이: "아빠. 공부를 열심히 했는데 왜 선물이 없어요?"
아빠: "너는 선물 받으려고 공부하니?"

여기에 '가정'을 넣으면 대화의 분위기가 달라집니다.

아이: "아빠. 공부를 열심히 했는데 왜 선물이 없어요?"
아빠: "너는 공부하면 선물을 받아야 한다고 가정하는구나. 그 가정이
　　　맞을까?"

엄마가 준비물을 챙기는 것, 또 성적이 오르면 선물 받는 것을
당연하다고 가정한 아이들에게 그 가정이 틀렸다는 지적을 하면 아
이는 자기 생각을 되돌아보게 될 것입니다.
　가정을 찾아내서 지적하는 대화가 아이를 위로할 때도 있습니다.

아이: "나는 불행할 거예요. 성적이 너무 낮으니까요."
엄마: "성적이 높아야 행복할 수 있다고 가정하는구나. 잘못된 가정이
　　　아닐까? 성적이 행복을 결정한다면 학교마다 행복한 아이는 전

교 1등 한 명뿐이게."

이야기 속에도 가정이 많이 숨어 있는데, 그중 하나가 계모에 대한 편견입니다.《신데렐라》가 대표적이죠. 이렇게 이야기해주면 아이가 흥미로워할 것입니다.

😊💬 "《신데렐라》,《헨젤과 그레텔》,《백설공주》에는 공통점이 있는데 뭘까? 여러 가지가 있지만, 계모가 나온다는 점이 같다. 그리고 계모는 아주 나쁜 사람이라고 가정하고 있어. 그런데 그게 사실일까? 친엄마만 자식을 사랑하고, 새엄마는 의붓자녀를 정말 미워할까? 그렇지 않아. 큰 사랑을 베푸는 새엄마나 새아빠도 많아. 입양 가족들도 행복하게 살아. 그러니까 이 이야기들의 가정은 옳지 않은 것 같다. 그게 엄마의 판단이야."

세 가지 이야기를 하나의 개념으로 꿰어서 설명하고 있습니다. 이런 고급스러운 설명을 듣는 일은 아이에게 대단하고 신기한 경험이며, 하나의 화살이 세 개의 과녁을 통과하는 것을 본 듯한 기분을 느낄 것입니다. 같은 방법으로 우리 전래 동화에 대한 질문도 해보겠습니다.

😊💬 "《흥부와 놀부》,《은혜 갚은 까치》,《은혜 갚은 두꺼비》의 공통

점은 뭘까? 약한 생명을 보호하는 것이 옳다는 가정이 숨어 있다는 점이야. 《흥부와 놀부》에서는 제비가 흥부에게 은혜를 갚아. 《은혜 갚은 까치》에서 까치는 종에 부딪혀서 사람을 구했고, 《은혜 갚은 두꺼비》에서 두꺼비는 자신을 먹여주고 보살펴준 소녀의 생명을 지켜냈어. 이렇듯 세 이야기에는 약한 동물을 도와주면 나중에 복을 받는다는 가정이 숨어 있어. 어디 동물뿐이겠어. 약하고 힘들어하는 사람을 도와주는 것도 복받을 일이지."

함께 본 영화 속 가정을 찾아내 분석하는 것도 재미있습니다.

- 🔄💬 "오늘 본 영화에서 주인공이 악당들을 다 물리쳤지? 악당들은 하나도 살아남지 못했고 주인공만 살았어. 이 영화에는 가정이 숨어 있어. 악당은 용서해서도 안 되고 힘으로 물리쳐야 한다는 생각이야. 이 가정이 옳은 것일까? 나쁜 사람과도 대화로 문제를 풀어야 하는 것은 아닐까? 네 생각을 말해볼래?"
- 🔄💬 "액션 영화를 보면 좀 이상하지 않니? 남자는 왜 싸움도 잘하고 우람하고 용감해야 할까? 엄마는 차분하고 조용히 말하는 남자도 아주 매력이 있다고 생각해."

아이가 초등 고학년이라면 어린이 차별, 외모 지상주의, 남녀 차별, 동물 학대 등 다양한 주제에 대해 질문하는 게 가능합니다.

5 실용적인 교훈 찾기로 동화가 친근해진다

"이 이야기의 교훈이 뭘까?"

쉽고 재미있는 동화책마저 안 읽으려는 아이들이 있습니다. 그런 아이들이 동화책 읽기를 즐기게 만들 손쉬운 방법은 없을까요? 있습니다. 실용적인 교훈 찾기를 하면 됩니다. 즉 동화에서 생활에 적용 가능한 교훈을 찾아 알려주는 것입니다. 동화가 생활에 직접 도움이 된다는 걸 깨달은 아이는 동화와 친해지고 싶을 것입니다.

가령 《임금님 귀는 당나귀 귀》는 아이 입장에서 아주 재미있거나 신기한 내용이 아니에요. 그래서 이 동화를 읽고 감동하는 아이는 거의 없습니다. 사실 실망할 수도 있어요. 그럴 때 부모가 실용적인 교훈을 꺼내서 들려주는 게 좋습니다.

😊💬 《임금님 귀는 당나귀 귀》에서 어떤 교훈을 얻었니? 엄마는 자

기 단점을 감추지 말아야 한다는 걸 배웠어. 왕은 자신의 귀가 당나귀 귀처럼 생겼다는 사실을 감추려고 했어. 그런데 숨긴다고 숨겨지니? 결국 모자 만드는 노인만 심한 고통을 받았고, 소문이 퍼지면서 왕 자신도 괴로워졌어. 나의 단점이나 부끄러운 점은 숨기지 말고 공개해버리면 어떨까? 친구들이 웃건 말건 신경 안 쓰면 돼. 엄마는 《임금님 귀는 당나귀 귀》에서 단점은 숨길수록 단점에 구속되고, 속 시원히 공개하면 단점에서 해방된다는 걸 배웠어. 엄마의 독서 감상이 어때? 그럴듯하니?"

이렇게 말해주면 아이는 독서의 신세계를 경험한 셈이 됩니다. 독서 감상을 독창적이고 재미있게 말하는 엄마의 실력에 놀랄 것이며, 그런 점은 아이도 따라 배우고 싶어 할 게 분명합니다.

그러면 《호랑이와 곶감》은 어떨까요? 이 이야기에서 생활에 활용할 교훈을 찾는 게 가능할까요? 호랑이는 아이가 '곶감' 소리를 듣자마자 울음을 그친 것을 보고는, 곶감이 자신보다 훨씬 무서운 존재라고 판단하고 벌벌 떱니다. 그 점에 주목하면 이 이야기는 '지레짐작이 해를 끼칠 수 있다'는 걸 말해주고 있습니다.

"《호랑이와 곶감》의 교훈은 뭘까? 그 이야기를 읽고 우리가 뭘 배워야 할까? 아빠는 지레짐작이 해롭다는 걸 배웠어. 호랑이는 곶감이 무엇인지 알아봤어야 해. 곶감이 무서운 괴물일 거라고 넘겨짚은 건 잘못이야. 우리도 예단해서는 안 돼. 사실을 차분히 알아본 후에 판단을 내려야 하는 거야.”

《요술 맷돌》의 교훈도 밝혀낼 수 있습니다. 금, 은, 곡식 등 무엇이든 만들어내는 요술 맷돌을 훔쳐 달아나던 도둑은 큰 실수를 했습니다. 배 위에서 소금을 만들라고 맷돌에 명령을 했는데 멈추게 하는 주문은 잊어버린 겁니다. 소금 무게를 견디지 못한 배는 가라앉았고 맷돌은 지금도 소금을 만들고 있어 바닷물이 짜게 되었다고 하는데요. 이 이야기에서도 독창적인 교훈을 끌어낼 수 있습니다.

🙂💬 “《요술 맷돌》을 읽었지? 이 이야기에서 배울 수 있는 교훈이 뭘까? 어렵다고? 도둑의 행동을 평가해보면 알 수 있어. 도둑이 맷돌에 명령을 내린 건 배 위였어. 왜 그렇게 성급했을까? 육지에 도착할 때까지 기다렸다가 명령을 내렸다면 배가 가라앉지도 않았을 거고, 그 귀한 맷돌을 잃어버리는 일도 없었을 거야. 또 육지에 쌓인 소금을 퍼서 팔았다면 큰 부자가 되었을 거고. 도둑질한 사람을 응원할 수는 없지만, 도둑이 ‘서두르지 않아야 한다’는 걸 가르쳐줬으니 고맙기도 해. 너도 서두르지 말고 기다릴 줄 아는 어른으로 자라면 좋겠다. 그럴 수 있겠니?”

이런 인물 분석이 아이에게 감동을 줍니다. 창의적이고 싶은 욕구도 자극하고요. 이후 아이는 이야기에서 보석 같은 교훈을 찾아내는 실력을 키우게 될 것입니다.

《브레멘 음악대》이야기에도 생활에 활용할 교훈이 있습니다.

"《브레멘 음악대》에서는 어떤 교훈을 얻을 수 있을까? 단순히 웃기기만 한 이야기일까? 잘 살펴보면 위로가 되는 이야기란다. 동물들은 퇴물, 즉 늙고 쓸모가 없어진 존재들이야. 그렇지만 서로를 위하며 모여 사니까 행복해졌어. 그래, 쓸모 없는 존재는 없어. 친구의 행복을 위해 모두 필요한 존재인 거야. 그렇게 생각하니까 《브레멘 음악대》가 더 재미있지 않니?"

우리나라의 전래 동화 《방귀쟁이 며느리》도 비슷하게 해석할 수 있습니다.

"《방귀쟁이 며느리》에서 교훈을 얻을 수는 없을까? 방귀를 조심해서 꿰어야 한다는 걸 배웠다고? 물론 그것도 중요한데 다른 교훈도 있는 것 같아. 엄마는 이 이야기에서 단점은 장점도 될 수 있다는 걸 배웠어. 방귀를 크게 꾸는 건 며느리의 단점이었어. 그 덕분에 놋쇠로 만든 그릇과 비단을 얻게 되어서 시부모님이 아주 기뻐하게 되었던 거 알지? 이야기에서는 큰 방귀도 쓸모가 있었어. 다른 사람들의 단점도 며느리 방귀처럼 쓸모가 있지 않을까? 수줍음이 많은 아이는 신중해. 덤벙대는 아이는 스스럼이 없어서 사교성이 좋아. 슬픔이 많은 아이는 시를 사랑할 수 있어. 이처럼 세상에 단점인 것만은 없어. 단점이자 장점인 거야. 어때? 맞는 말 같니?"

심지어 《누가 내 머리에 똥 쌌어?》에서도 현실적인 교훈을 도출해낼 수 있습니다.

😊😕 "두더지 머리 위에 똥이 떨어진 이야기 기억하지? 그렇지. 《누가 내 머리에 똥 쌌어?》를 말하는 거야. 그 이야기는 우리에게 어떤 교훈을 줄까? 아빠는 그 책을 읽고 두더지한테서 중요한 걸 배웠어. 끈기 있게 노력하면 어떤 것도 알아낼 수 있다는 것 말야. 두더지는 머리 위에 떨어진 똥의 주인이 누구인지를 새, 말, 염소, 토끼, 돼지, 소, 파리에게 캐묻다가 결국 범인을 찾았어. 불가능할 것만 같았는데 끈기 있게 노력한 끝에 목표를 이룬 거야. 집념이 똥의 진실을 밝혀냈다고 할까? 우리도 궁금한 건 뭐든지 알아낼 수 있어. 두더지가 증명했잖아."

이처럼 동화의 내용을 생활에 적용하고 활용할 수 있다는 걸 알면 동화가 더욱 친근하게 느껴질 겁니다. 동화를 읽고 나서 아이가 교훈을 뽑아내는 데 도움을 줄 질문을 몇 가지 더 소개하겠습니다.

😊💬 "이 이야기에서 뭘 배울 수 있다고 생각하니?"

😊💬 "이 현명한 주인공처럼 말하고 행동하면 우리에게 어떤 좋은 일이 생길까?"

😊💬 "이 어리석은 주인공처럼 생각하면 우리는 어떤 손해를 보게 될까?"

학습 내용과 현실을 연결하면 공부를 잘하게 됩니다. 학교에서 배운 수학이나 사회 지식이 현실과 어떻게 이어져 있고, 또 어떻게 활용되는지 깨우친 아이는 배움의 기쁨이 커질 것입니다.

동화책도 똑같습니다. 동화 속 주인공의 삶과 우리 아이의 삶이 맞닿은 대목을 찾아 알려주면 동화책 읽는 아이의 눈이 초신성처럼 반짝일 것입니다.

6 살아 있는 과학 지식을 들려준다

"그 주변에는 왜 털이 나는지 아니?"

부모가 아이에게 과학을 가르치기는 쉽지 않지만 과학에 대한 흥미를 돋울 수는 있습니다. 친근한 현상을 설명하는 것, 깜짝 놀랄 만한 흥미로운 과학 지식을 골라서 많이 들려주는 것입니다. 예를 들어, 침에 대해서 이야기가 나오면 이렇게 말해줄 수 있습니다.

"침이 더럽다고? 아니야. 침에 고마워해야 해. 침이 없으면 맛있는 걸 먹어도 맛을 몰라. 음식이 침에 녹아야 혀가 맛을 느낄 수 있거든. 또 침이 음식을 녹이는 덕분에 소화도 쉬워져. 그런데 침이라고 모두 고마운 건 아니야. 코브라의 침에는 독이 들어 있으니 코브라를 보게 되면 꼭 피해서 가야 해."

농담 같은 질문과 설명이지만, 아이에게 합리적인 사고를 가르칠 수 있는 설명입니다. 이런 설명을 들은 아이는 기분이 아니라 이성과 논리에 따라 생각해야 한다는 걸 배우게 되죠.

과학 지식은 난감한 질문도 해결해줍니다. 가령 아이가 "나이가 들면 왜 거기(생식기관 주변)에 털이 나죠?"라고 물었을 때 대답을 회피하거나 얼버무리지 않아도 됩니다. 체모의 기능이 몸을 보호하는 것이라는 과학 상식을 말해주면 아이의 궁금증도 해소할 수 있습니다. 이렇게 말하면 될 것 같네요.

"체모는 몸을 보호한다는 거 알지? 눈썹은 먼지나 물이 들어가지 않게 막아줘서 눈을 보호해. 코털도 이물질이 몸속으로 들어오는 걸 막지. 머리카락은 아주 중요한 뇌를 보호하는 역할을 해. 생식기관도 중요해. 모든 동식물에게 번식은 존재 이유 같은 것이거든. 생식기관이 소중하기 때문에 보호하기 위해서 주변에 체모가 자라는 거란다."

위와 같은 설명의 목적은 단순한 지식 전달 이상으로 의미가 있습니다. 과학 지식이 현실을 해명하는 살아 있는 지식이라는 걸 알게 하는 게 진정한 목적입니다. 그 사실을 깨달은 아이는 과학 지식이 맛있다고 여기게 될 겁니다.

흥미로운 과학 지식들을 추가로 예시해보겠습니다.

😊💬 "새끼 북극곰이 하얀색이어서 귀엽다고 했니? 너는 속은 거야. 털만 하얀색이고 피부는 검은색이야. 털을 깎으면 저 새끼 북극곰도 까만색 곰이 되는 거지. 겉 다르고 속 다른 동물이 바로 북극곰이야. 여기서 중요한 교훈을 얻게 돼. 겉만 보고 판단하면 안 되는 거야. 사람이나 동물이나 마찬가지야."

😊💬 "너, 딸기 좋아하지? 딸기는 아주 특별한 과일이야. 놀라운 특성이 있지. 뭐냐고? 딸기는 씨가 속이 아닌 밖에 있는 유일한 과일이야. 사과, 수박, 복숭아, 감을 생각해봐. 씨앗이 다 속에 있는데, 딸기만 달라. 딸기 1개의 표면에는 씨가 평균 200개 정도 있지. 신기하지?"

😊💬 "문어가 얼마나 신비한 동물인지 알고 있니? 문어의 뇌가 하나뿐이라는 연구 결과도 있지만, 어떤 과학자들은 문어의 뇌가 아홉 개나 된다고 여전히 생각해. 몸에 하나가 있고 나머지는 다리에 있다는 거야. 그리고 심장은 세 개야. 하나는 몸 전체로 혈액을 보내고 다른 두 개의 심장은 아가미로 혈액을 보내는 일을 해. 마지막으로, 피가 파란색이야. 문어만큼 신비로운 동물이 또 있을까?"

꼭 부모가 강의를 해야 하는 건 아닙니다. 재미있는 과학책을 함께 읽으며 같이 배우고 즐거워해도 효과는 다르지 않을 겁니다.

7 교과 내용을 대화에 활용한다

"우리나라에는 여왕이 몇 명이었지?"

책 속에 갇혀 있는 지식은 박제처럼 무미건조합니다. 책 밖에서 이야기되고 활용되는 지식이어야 아이들을 매료시킬 수 있습니다. 그래서 교과서 속 지식을 교과서 밖으로 꺼내 현실에 적용하고 활용하는 경험이 아이들에겐 꼭 필요합니다. 그런 경험은, 귀찮은 걸 꾹 참고 아이의 교과서를 읽는 부모만이 제공할 수 있습니다.

예를 들어, 5학년 아이에게 충치가 생겼다고 가정해보겠습니다. 교과서를 읽지 않은 부모는 이렇게 말할 겁니다.

"충치가 왜 생기는지 아니? 단 것을 먹으면 입안에 벌레가 많이 생겨서 이를 파먹기 때문이야."

쉽지만 유치합니다. 초등학교 입학 전의 천진한 아이에게 맞는 설명이죠. 아이가 5학년쯤 되었다면 설명 수준을 높이는 게 좋습니다.

😊💬 "충치가 왜 생기는지 아니? 사탕을 먹으면 입안에 산성 물질이
많이 생겨서 치아가 부식되기 쉬워. 바로 충치가 생기는 거지.
이럴 때 염기성인 치약이 필요해. 양치질을 하면 입안의 산성이
약화되어서 충치가 생길 위험이 줄어드는 거야."

이렇게 복잡하고 어렵게 말할 필요가 있냐고요? 어렵지 않습니
다. 초등 5학년이면 배우는 내용이에요. 과학 교과서에 산성과 염기
성에 대한 단원이 있습니다. 속 쓰릴 때 먹는 제산제와 욕실 표백제는
염기성 용액이고, 식초와 변기용 세제는 산성 용액이라는 것도 수업
시간에 배웁니다. 산성과 염기성에 대해 말해주면 초등 3~4학년 아
이에게는 훌륭한 선행학습이고, 5학년 아이에게는 교과서를 현실에
적용하는 신기한 경험이 됩니다.

이번에는 승용차 안에서 할 수 있는 자문자답입니다.

> (1) "우리 차 속력이 얼마나 될까? 시속 100킬로미터(km)야."
> (2) "우리 차 속력이 얼마나 될까? 100킬로미터 퍼 아워(km/h)야."

이렇게 어색한 영어식 표현을 가르쳐줘서 뭐하냐고요? 아닙니
다. 역시 초등 5학년 과학 교과서에 나오는 속력 표현법입니다. 교과
서 내용을 간단히 정리해보겠습니다.

표기	읽는 법	뜻	전문 표현
100km/h	100킬로미터 퍼(per) 아워	1시간당 100킬로미터	시속 100킬로미터
100m/s	10미터 퍼(per) 세컨드	1초당 10미터	초속 10미터

아이들도 이런 표현이 처음엔 낯설었을 것입니다. 그런데 낯선 개념도 현실에 적용하고 나면 친밀해집니다. 더 나아가 학습 태도가 달라지고, 교과서에 대한 인식까지 바뀝니다. 교과서에 관심을 갖는 부모의 질문이 이런 변화를 일으킬 수 있다는 건 당연하고도 중요한 사실입니다.

단군 신화에 대해 질문하는 방법도 있습니다.

> ☺💬 "환웅은 곰과 호랑이에게 '쑥과 마늘을 먹고 100일을 견디면 사람이 될 수 있다'고 했어. 그런데 왜 곰은 견디고 호랑이는 달아나버렸을까? 호랑이는 인내심이 부족했던 걸까?"

과학 상식에 바탕해서 추론할 수도 있습니다. 호랑이는 육식 동물입니다. 쑥과 마늘만 먹고 견디는 게 생리적으로 불가능합니다. 반면 곰은 잡식 동물이라 육식 동물인 호랑이보다 훨씬 견디기 수월했을 것입니다. 인내심의 문제가 아니라, 환웅이 정한 규칙이 곰에게 유리했던 겁니다. 이런 설명이 100퍼센트 타당하다는 게 아닙니다. 아이에게 건국 신화와 과학 지식을 연결 짓는 신기한 경험을 제공한다는 점에 더 큰 의미가 있습니다.

문과 지식은 현실 적용이 더 쉽습니다. 예를 들어서 영국의 엘리
자베스 여왕 이야기가 TV에 나오면 기회를 놓치지 말고 아이에게 물
어봐야 합니다.

😊💬 "우리나라에도 여왕이 있었다는 거 아니? 조선에는 몇 명의 여
　　　왕이 있었지?"

고구려, 백제에는 여왕이 없었습니다. 고려와 조선의 왕도 전부
남자였습니다. 그런데 신라에만 유일하게 여왕이 있었습니다. 선덕
여왕, 진덕여왕, 진성여왕이 신라의 여왕들이었죠. 5학년 사회 교과
서에 나오는 내용입니다.

대화 거리는 많습니다. 예를 들어 4학년 도덕 교과서에는 예절
의 중요성, 협동하기, 다른 문화 존중하기, 공정하게 판단하기 등의
주제가 있습니다. 5학년 도덕 교과서는 정직할 수 있는 용기, 감정과
욕구, 긍정적인 태도, 갈등 해결 방법 등을 설명합니다. 이러한 교과
서 속 개념을 실제 대화에 활용하는 건 무척 교육적인 일입니다. 아이
의 눈에는 어렵고 재미없게만 보이던 교과서가 유용하고 가깝게 느
껴질 것입니다. 그렇게 공부를 좋아하게 됩니다.

그렇다고 부모가 아이의 교과서를 달달 외워야 하는 건 아닙니
다. 순도 높고 재미있는 지적 자극을 몇 번만 줘도 충분하죠. 코치가

경기장에 뛰어들어 선수들을 일일이 거들 순 없습니다. 학습 태도를 바꾸고 생각의 방향을 바꿔주기만 하면 되는 것입니다.

교과서를 사랑하게 만들 신나는 질문은 아주 많습니다.

맞춤법 퀴즈로 언어감각을 키운다

끝으로, 재미있는 맞춤법 퀴즈를 소개합니다. 맞춤법을 주제로 대화하면 아이의 언어감각을 키워줄 수 있습니다.

가령 큰아이가 "짜장면이 먹고 싶다"고 했을 때 이렇게 반응해도 좋겠습니다.

> "짜장면을 먹고 싶다고? 자장면이라고도 해. 둘 다 맞는 말이야. 이런 경우 복수 표준어라고 하지. '예쁘다'와 '이쁘다'도 모두 표준어야. '넝쿨'과 '덩굴'도 그래.

이번에는 작은아이가 짬뽕도 먹고 싶다고 했습니다. 이때 이렇게 말해줄 수 있습니다.

> "좋아. 짬뽕도 먹자. 그런데 짜장면에도 짬뽕처럼 된소리가 쓰이네. 어느 게 된소리지? 그래. ㄲ, ㄸ, ㅃ, ㅆ, ㅉ이 된소리야. 된소리는 한자어로는 경음이라고도 해."

방금 잠에서 깬 아이에게 이렇게 말해줄 수 있습니다.

😊💬 "우리 예쁜 아들 눈에 '눈꼽'이 끼었네. 그런데 '눈꼽'이 맞춤법에 맞니? 옳지! '눈곱'이라고 해야 맞아. '배꼽'은 '배꼽'이 맞고.

식탁에서도 잠자리에서도 맞춤법 교육을 할 수 있습니다.

😊💬 "나는 엄마로서 편식을 허락할 수 없어. 그런데 '엄마로써'라고 하면 안 되니? 맞아. '엄마로서'라고 해야 해. 자격을 나타낼 때는 '~로서'이고 수단일 때는 '~로써'야. '말 한 마디로써 천냥 빚을 갚는다'라고 하는 거야."

😊💬 "네 침대 머리맡에 있는 건 배개일까, 베개일까? '베개'가 맞아. 그러면 '칼로 베다'일까 '칼로 배다'일까? '베다'라고 해야 해. 둘이 똑같이 'ㅔ'를 써야 해."

😊💬 "너는 밥 먹으면서도 스마트폰을 하네. 그런데 '습관이 배다'일까, 아니면 '습관이 베다'일까? 이때는 '배다'가 맞아. 바다에 떠다니는 배를 생각하면 돼."

😊💬 "우리 딸이 요즘 여위었네. 밥을 안 먹어서 그래. 그런데 '여위다'와 '여의다'의 차이를 아니? 아주 큰 차이가 있어. '여위다'는 마르다는 뜻이고, '여의다'는 누군가 세상을 떠났다는 뜻이거든. '그는 어릴 때 부모님을 여의였다'라고 말하면 되는 거야."

초등학교 교과서를 가까이하는 부모가 아이를 많이 도울 수 있습니다. 쉽고 재미있는 개념을 찾아내서 기억했다가 대화에 활용해 보세요. 교과 내용을 현실 대화에 활용하는 신기한 경험이 아이에겐 신나는 공부 자극이 될 것입니다.

4

분석력을
높이는 질문

분석력
전체를 작고 단순한 것으로
나누어서 의미를 파악하는 능력

분석 질문의 기본 패턴
"나눠서 생각해봤니?"
"원인과 결과가 뭘까?"
"추리할 수 있겠니?"

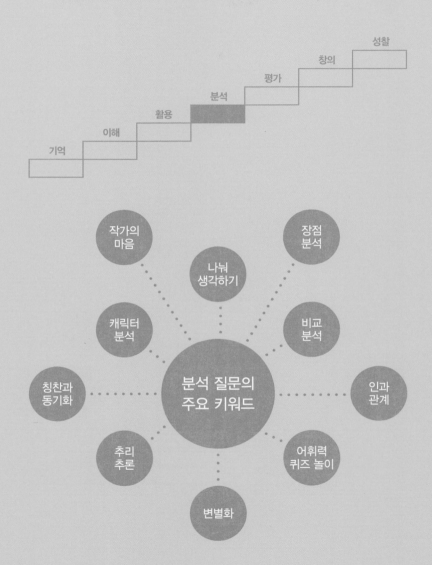

1 큰 것을 작게 나눠 생각한다

"나눠서 생각할 수 있겠니?"

저는 2022년에 초등 2학년 국어 교과서에서 이 지시문을 발견하고는 눈이 동그래졌습니다.

> 여러 가지 표현 방법 가운데에서 하나를 골라 친구에게 시나 이야기의 내용을 전하고 생각이나 느낌을 표현해봅시다.

열 살이 채 안 된 아이들이 읽는 글인데 표현이 상당히 압축적이고 문장 구조가 복잡합니다. 이런 문장은 사실 어른에게도 어렵습니다. 교과서가 개정되어 저 문장이 사라지더라도 아이들은 어디서든 복잡한 문장을 만나게 될 것입니다.

복잡한 문장을 이해하는 방법이 있습니다. 나눠서 생각하는 것입니다. 즉 분석하는 것이죠. 문장을 어려워하는 아이에게 이렇게 질문하면 됩니다.

😊💬 "이 문장을 어떻게 부분으로 나눌 수 있을까?"

😊💬 "문장을 나눠서 생각해봤니? 나눠 생각하면 어려운 문장의 뜻을 알 수 있단다."

앞에서 예로 든 지시문은 세 부분으로 나눌 수 있습니다.

(1) 표현 방법을 고른다.
(2) 시 혹은 이야기의 내용을 친구에게 말해준다.
(3) 나의 생각이나 느낌이 어떤지 덧붙인다.

이제 문장의 뜻이 이해가 됩니다.

이렇게 대상을 나눠서 생각하는 걸 분석적 사고라고 부릅니다. 교과서에는 이처럼 분석적으로 생각해야 이해할 수 있는 문장이 적지 않아요. 아래도 2학년 국어 교과서에 나오는 문장입니다.

겪은 일을 시나 노래로 표현하는 방법을 생각하며 빈칸에 알맞은 말을 보기에서 찾아 써봅시다.

위의 문장 역시 단번에 이해하기가 어렵습니다. 이 문장은 네 부분으로 분석할 수 있습니다. '겪은 일 고르기', '표현 방법 생각해내기', '보기에서 말 고르기', '빈칸 채우기'가 그것이죠. 이렇게 내용을 나눠서 생각하면 복잡한 문장도 쉽게 이해됩니다. 달리 말해, 문해력을 높이는 가장 단순한 방법이 문장 분석이죠.

분석적 사고는 도저히 이해 못 할 것 같은 문장마저 이해하기 쉬운 문장으로 뒤바꿉니다. 아래는, 미국 워싱턴대학교의 교육학 교수 존 브랜스포드(John D. Bransford)가 저서 《이상적인 문제 해결책(The Ideal Problem Solver)》에서 분석적 사고의 효용성을 보여주려 소개한 질문입니다.

지금부터 이틀 후가 일요일이라면 그저께 다음 날은 무슨 요일일까요?

문제를 읽는 순간 머릿속이 하얘지겠지만 문장 분석을 하면 아주 쉽습니다.

(1) 지금부터 이틀 후가 일요일이면 오늘은 무슨 요일일까?
    → 금요일
(2) 오늘이 금요일이면 그저께는 무슨 요일일까? → 수요일
(3) 수요일 다음 날은 무슨 요일인가? → 목요일

144

알고 보니 너무 쉬운 문제였습니다. 아이에게도 풀라고 해보세요. 분석이 얼마나 유용한지 금방 알게 될 것입니다.

분석하면 쉬워지는 것들이 세상에 아주 많습니다. 전체 상황과 맥락을 고려해 종합적으로 사고하는 것도 유용하지만, 대상을 요소로 나눠서 생각하는 분석적 사고도 참 유용합니다. 아이들이 어려워하는 수학 문제나 과학 문제도 대체로 분석을 하면 쉬워집니다. 한 덩어리의 문장을 여러 부분으로 나눠서 생각하면 수학 점수와 과학 점수도 올라갑니다. 예를 들면 이렇습니다.

철희는 일주일 동안 스마트폰은 하루에 3시간 사용하고, 노트북은 2시간을 사용했다. 철희가 스마트폰과 노트북을 쓰지 않은 시간은 일주일 동안 총 몇 시간인가?

답을 구하려면 문제 속의 힌트를 나눠서 생각해야 합니다.

(1) 하루에 스마트폰과 노트북을 사용한 시간 → 5시간
(2) 하루에 스마트폰과 노트북을 사용하지 않은 시간 → 19시간
(3) 일주일간 스마트폰과 노트북을 사용하지 않은 시간
    → 133시간(19시간×7일)

쉽죠? 차근차근 단계를 알려주면 아이도 쉽게 문제를 풀 수 있습니다.

분석적 사고를 할 줄 알면 학습 능력이 좋아지는 것은 물론 자신감도 키워집니다. 아이가 수학 문제가 어렵다고 칭얼거리는 상황을 가정해보겠습니다.

아이: "수학이 어려워요."

엄마: "어느 부분이 어렵지? 빼기는 할 수 있는데, 여기서 나누는 방법이 어렵다는 거구나."

아이: "맞아요."

엄마: "그러면 나누기만 몇 번 연습하면 되겠네. 간단하네. 힘내!"

아주 평범한 대화 같지만 엄마는 중요한 삶의 전략을 가르치고 있습니다.

(1) 어려운 일이 생기면 가장 먼저 분석을 한다.

(2) 어려운 것과 어렵지 않은 것을 나눈 후 어려운 일에 집중한다.

(3) 그렇게 분석해서 대처하면 살아가면서 맞닥뜨리는 어떤 문제도 해결할 수 있다. 자신감을 가져라.

유사한 예를 하나 더 들어보겠습니다. 친구와 다툰 아이에게는 이렇게 이야기하면 되겠습니다.

😊💬 "왜 다퉜니? 이유가 뭐였어? 친구는 무엇을 원했을까? 네가 원하는 것은 무엇이었니? 서로 원하는 것을 조금씩 포기하고 양보하면 안 될까?"

아이가 처한 복잡한 상황을 '다툼의 이유', '각자의 바람', '절충가능성'으로 분석하면 해법을 찾을 수 있을 것입니다. 분석해서 해결의 실마리가 보이면 아이는 자신감을 갖고 문제 해결을 시도할 것입니다.

분석은 대상을 작은 단위로 나누는 것입니다. 레고 자동차를 작은 블록으로 나누는 것과 같습니다. 복잡한 국어, 수학, 과학 문제도 작은 단위로 나눠서 생각하면 훨씬 쉬워집니다. 동화나 영화도 마찬가지고요. 더 나아가 살면서 부딪히는 문제도 해결할 수 있습니다. 그러니 분석적 사고가 습관이 되도록 아이에게 자주 질문하는 게 좋겠습니다. "나눠서 생각해봤니?"라고 말입니다.

2 독후 질문으로 이야기의 장점을 분석한다

"이 이야기, 왜 재미있을까?"

책을 읽었거나 영화를 본 아이에게 하는 질문 세트가 있습니다. 소개할게요.

독서 후 질문 기본 세트

《부벨라와 지렁이 친구》는 3학년 국어 교과서에 실린 작품 중 하나입니다. 외롭게 지내던 거인 부벨라가 귀여운 지렁이를 만나 친구가 되는 따뜻한 내용입니다. 지렁이는 진흙 파이를 구워준 부벨라가 고마웠고, 부벨라는 다정한 지렁이가 좋았습니다.

교과서에는 이 이야기를 소개한 후 이런 질문들이 등장합니다.

이것이 '독서 후 질문 기본 세트'입니다. 아이가 책을 읽고 나면 이 질문을 그대로 따라 말하면 됩니다. 어떤 동화책이든 기본 질문은 똑같습니다. 등장인물, 주요 사건, 사건의 원인 혹은 계기를 물어보는 것이죠.

《15소년 표류기》를 읽은 후에도 같습니다.

"《15소년 표류기》에는 어떤 인물들이 나오니?" (등장인물)

"무인도에서 아이들이 겪은 주요 사건은 뭐였니?" (주요 사건)

"어떻게 집으로 다시 돌아올 수 있었니?" (사건의 원인 혹은 계기)

《해저 2만 리》를 읽어도 기본 질문은 똑같습니다.

"《해저 2만 리》의 주요 인물은 누구니? 네모 선장은 좀 자세히 말해줘." (등장인물)

"그 이야기에서 주요 사건은 뭐였어?" (주요 사건)

😊💬 "그 사건은 왜 일어났니?"(사건의 원인 혹은 계기)

이 기본 질문 세트만 알고 있으면 책 내용을 몰라도 질문할 수 있어 아주 편리합니다. 어떤 책이든 등장인물, 주요 사건, 사건의 원인 혹은 계기를 물어보면 아이는 책 내용을 소화하고 정리한 후 재미있게 이야기를 해줄 것입니다.

그런데 기본 질문만으로는 성에 차지 않을 수 있습니다. 그럴 때는 기본 질문에 더 많은 질문을 덧붙일 수 있겠죠. 다른 곳에서 설명할 텐데, 인물들을 비교해보게 하고, 사건들의 인과관계를 자세히 설명해달라거나 결말을 추론해보라고 할 수도 있습니다.

이야기의 재미를 찾게 하는 질문들

또 책이나 영화가 왜 재미있었냐고 물어볼 수도 있겠죠. 그런데 이 중요한 질문에 답을 하지 않고 "몰라요"라거나 "그냥이요"라고 답하는 아이들이 많습니다. 그러면 부모는 답답합니다. 자기가 어떤 이야기를 왜 좋아하는지도 설명 못 하니 한심스럽습니다.

그런데 아이가 대답을 못 하는 중요한 까닭이 있습니다. 재미가 뭔지 몰라서 그렇습니다. 더 정확히는, 재미의 평가 기준을 모르는 것입니다. 어떤 걸 재미있다고 말해야 하는지 잣대가 없는 것이죠.

그러면 해결책이 나왔습니다. 재미의 평가 기준을 가르쳐주는 것입니다. 재미의 기준은 사람마다 다르고 종류도 아주 많지만, 일반적으로는 5가지입니다. 아래 항목 중에서 하나 이상을 충족시키는 이야기가 재미있는 이야기가 됩니다.

(1) 전개가 빠릅니다. 이야기 전개가 지루하거나 군더더기가 많으면 몰입하기 어렵죠.

(2) 예상을 뛰어넘는 스토리여야 재미있습니다. 《흥부와 놀부》가 재미있는 이유는 예상 못 했던 도깨비가 우르르 몰려나와 징악을 하기 때문입니다. 결말이 쉽게 예상되는 이야기는 매력이 없습니다.

(3) 큰 위기가 있는 이야기가 재미있습니다. 《신데렐라》에서 신데렐라는 밤 12시가 되기 전에 호박으로 만든 마차를 타고 긴박하게 파티장에서 빠져나와야 했습니다. 그런 위기 상황 덕분에 이야기가 재미있는 것입니다.

(4) 신기한 이야기가 나와야 합니다. 마법이나 전쟁처럼 놀라운 요소가 있는 스토리여야 재미있습니다.

(5) 독자를 행복하게 만들어야 합니다. 만일 야수가 죽었다면 《미녀와 야수》는 재미없는 이야기가 되고 말았을 것입니다. 《성냥팔이 소녀》나 《행복한 왕자》 같은 예외도 있지만, 아이들이 재미있어 하는 스토리는 대부분 행복한 결말입니다.

"왜 재미있었니?"라고 물으면 아이는 막연해서 답하지 못합니다. 위의 내용을 참고해서 힌트를 담은 질문을 하는 것이 낫습니다.

예를 들어 이렇게 묻는 것입니다.

> 😊💬 "이 이야기는 왜 재미있었을까? 전개가 빨라서 몰입하게 되었니?"

> 😊💬 "그 영화가 왜 최고야? 결말이 예상 밖이어서 재미있었니?"

> 😊💬 "주인공이 위기에서 벗어났을 때 아주 기뻤니?"

> 😊💬 "신기하고 놀라운 게 많이 나와서 재미있었던 거야?"

> 😊💬 "주인공들이 행복해져서 너도 기분이 좋았니?"

이 질문들은 생각을 유도합니다. 전개 속도, 의외성, 위기의 크기, 신기한 설정, 결말에 대해서 평가하도록 아이를 이끄는 질문들인 것입니다. 힌트와 방향성이 있으니 아이는 답하기 편해집니다. 왜 좋아하는지 말도 못 하는 꿀 먹은 벙어리 신세를 벗어날 수 있게 되죠.

이러한 질문들 덕분에 아이는 이야기 분석력이 높아지는 것은 물론, 자신에 대해서도 더 잘 알게 될 것입니다. "왜 재미있을까?"에 답하려면 두 가지를 살펴봐야 하거든요.

먼저 내 마음을 봐야 하죠. 내가 어떤 대목에서 재미를 느꼈는지 감지해야 합니다. 그다음에는 스토리의 속성을 살펴야 합니다. 어떤 장점이 있기에 나를 기쁘게 했는지 생각해야 하죠. "왜 재미있을까?"는 아이가 자신의 내면과 외면 모두를 분석하게 하는 고차원적 질문입니다. 예를 더 들어보겠습니다.

😊💬 "《80일간의 세계 여행》은 왜 재미있을까? 맞아. 네 말대로 결말의 반전이 뛰어나서 재미있는 것 같다."

😊💬 "로빈슨 크루소가 식인종들에게서 한 남자를 구하는 장면이 재미있지 않았니? 큰 위기였어. 엄마는 그 대목에서 너무 긴장해서 손에서 땀이 났어."

😊💬 "《해리 포터》는 왜 재미있을까? 이유가 많겠지만 신기한 마법 이야기여서 더 재미있는 게 아닐까?"

정리를 해보겠습니다. 책을 읽은 아이에게 할 수 있는 기본 질문은 셋입니다. 등장인물, 주요 사건, 사건의 원인 혹은 계기에 대해서 묻는 것입니다. 물론 사건의 경과나 결론을 물을 수도 있습니다. 질문에 철칙이 있는 것도 아니니 마트에서 물건 고르듯 자유롭게 질문 내용을 선택 추가할 수 있는 것입니다.

질문을 고도화하고 싶다면 이야기가 왜 재미있는지 물어보면 됩니다. 스토리가 재미있는 이유에 대해 생각하는 동안 아이는 작품 분석력을 키워갈 것입니다.

3 유사성과 차이점을 찾는다

"엄마와 아빠를 비교해볼래?"

두 가지 이상의 대상에서 비슷한 점이나 다른 점을 찾아내는 능력이 비교 능력입니다. 비교 능력도 질문을 통해 길러줄 수 있습니다. 가령 《개구리 왕자》를 읽은 후 이렇게 물어보는 겁니다.

(1) "어느 부분이 가장 재미있어?"
(2) "이야기의 교훈은 뭐야? 이야기에서 뭘 배울 수 있지?"
(3) "《개구리 왕자》와 비슷한 동화가 뭐니?"

말할 것도 없이 3가지 질문 모두 비교 능력을 기르는 질문입니다. 군이 수준을 평가하자면 (3)이 가장 높은 수준의 사고를 자극합니다. 수십 편의 동화들을 분석하고 비교하도록 요구하는 질문이기 때문입니다.《개구리 왕자》는 마법에 걸린 왕자가 나온다는 점에서《미녀와 야수》와 비슷합니다. 또 약속의 중요성을 알려준다는 점에서는《피리 부는 사나이》와 유사하고, 외모 지상주의를 비판한다는 점에서는《미운 아기 오리》와도 닮았습니다.

다음은 유사성을 생각해보게 하는 질문입니다.

> 😊💬 "너와 백설공주의 닮은 점은 무엇일까? 뽀얀 피부? 남의 말을 잘 믿는 성격?
>
> 😊💬 "《흔한 남매》의 오빠와 동생은 비슷하지 않니? 둘 다 공부를 싫어해. 재미와 장난에 정신이 팔려 있고. 또 착해서 남을 미워하지 않아. 또 비슷한 점이 있니?"
>
> 😊💬 "아이언맨과 홍길동이 닮은 점은? 날아다닐 수 있다? 정의롭다? 현명하다? 또 뭐가 있지?"

유사성과 함께 차이점도 생각하면 비교 능력은 더욱 높아집니다. 조금 어렵지만 이렇게 질문하면 됩니다.

> 😊💬 "사람과 개구리는 어떤 점이 닮았고 어떤 점은 다른지 말해볼래?"

사람과 개구리는 동물입니다. 척추동물에 속한다는 점도 같죠.

또 눈이 둘이고, 입은 하나입니다. 사람처럼 개구리에게도 폐가 있습니다. 그런데 차이점도 많죠. 사람은 피의 온도가 일정한데(항온동물), 개구리는 변화합니다(변온동물). 사람은 땅에서 살지만, 개구리는 땅과 물에서 생활합니다. 사람은 말을 하고 글을 쓰지만, 개구리는 언어를 사용하지 않습니다. 이외에도 많은 차이점을 말할 수 있습니다.

사람과 개구리를 비교하면 재미도 있지만 아이의 호기심도 자극합니다. 동시에 지식 소화율도 크게 높이죠. 개구리의 특징을 따로 공부하는 것보다 사람과 비교하면 더 쉽게 기억하게 되는 것입니다.

차이점을 묻는 질문 중에서 좀 더 가볍고 편한 것도 많습니다.

😊💬 "짜장면과 짬뽕은 다른 점이 뭐지?"

😊💬 "고양이와 강아지는 무엇이 달라?"

😊💬 "아이언맨과 홍길동이 다른 점은 뭐야? 언어가 다르고, 피부색이 다르고, 옷차림과 무기가 달라. 또 다른 게 뭐가 있을까?"

아이의 나이나 취향에 따라 여러 종류의 비교 질문을 할 수 있습니다.

😊💬 "수박과 딸기는 어떤 점이 비슷하고 어떤 점이 다르니?"

😊💬 "엄마와 아빠는 어디가 비슷하고 어디가 달라?"

😊💬 "태양과 지구의 같은 점과 다른 점은 뭘까?"

😊💬 "월요일과 일요일을 비교해볼래?"

😊💬 "너와 강아지는 뭐가 비슷하고 뭐가 달라? 귀엽다는 게 비슷해. 사랑을 듬뿍 받는 점도 같고. 그런데 강아지는 온 집 안이 자기 화장실이야. 그리고 글을 쓰지 않아. 또 혼자서는 밖에 나가지 못해. 다른 점도 많네."

둘 이상의 대상에서 유사성과 차이점을 분석할 수 있다면 그만큼 사고력이 정교하다는 뜻입니다. "이 둘을 비교해볼래?"라고 자주 질문하는 부모는 아이에게 축복과도 같습니다.

4 인과관계를 분석한다

"여기서 원인과 결과는 뭘까?"

의구심이 들 수도 있습니다. 아이에게 굳이 인과관계까지 설명해줄 필요가 있느냐 싶으실 겁니다. 하지만 그렇지 않습니다. 과잉 교육이 아닙니다. 인과관계라는 말은 몰라도 그 내용은 초등학생들도 이미 익숙하기 때문입니다.

가령 3학년의 어느 과학 교과서에서는 식물이 운동장 흙보다 화단 흙에서 더 잘 자라는 까닭을 설명합니다. 화단 흙의 알갱이가 작아서 물을 오래 머금는 것이 이유라고 되어 있습니다. '흙 알갱이가 작기 때문에(원인) 식물이 잘 자란다(결과)'는 전형적인 인과관계 설명입니다. 5학년 사회 교과서에 기술된 '우리 국민이 일제의 식민 지배를 받아들이게 하려고 일제가 우리 역사를 왜곡했다'는 내용 역시 인과관계 설명입니다. 우리나라의 역사를 왜곡하면(원인) 우리나라 국민들이 식

158

민 지배를 긍정하게 될 것(결과)이라고 일제는 믿었던 것입니다.

이처럼 초등 교과서에는 인과관계를 설명하는 글들이 그득합니다. '이건 인과관계다'라고 명시되어 있지만 않을 뿐 거의 모든 페이지에 인과관계 설명이 숨어 있는데, 숨은 인과관계를 재빨리 파악할수록 교과서를 더 쉽게 이해하게 됩니다. 그러니 아이들도 인과관계를 알아야 합니다. 초등 과정에서 원인과 결과를 묻고 가르치는 건 과잉 교육이 아니라 적정 교육인 것입니다.

아이가 인과관계를 재빨리 파악하도록 도우려면 관련 질문을 생활화하면 됩니다.

- 😊💬 "오늘 저녁밥이 유난히 맛있네. 원인이 뭘까? 아빠가 만든 반찬이 맛있어서일까? 아니면 요리를 너무 느리게 해서 우리 가족이 무척 배가 고파졌기 때문일까?"
- 😊💬 "왜 성적이 떨어졌을까? 모든 것에는 원인이 있기 마련이야. 왜 성적이 떨어졌지? 맞아. 공부를 안 했기 때문이야. 많이 놀았던 게 원인이고, 낮은 성적은 결과인 거지. 원인이 결과를 만드는 거란다."
- 😊💬 "엄마는 너의 웃는 얼굴을 보면 행복해. 방금 한 말에서 원인과 결과는 뭘까? 너의 웃는 얼굴이 원인이고, 엄마의 행복이 결과야. 자주 웃어줘서 고마워."

동화를 읽은 후에도 인과관계 질문을 할 수 있습니다.

😊💬 "미녀는 왜 야수를 사랑하게 된 걸까? 이유를 설명한 문장은 어느 거야?"

😊💬 "심청이 바다에 뛰어든 원인은 무엇이고 결과는 또 뭐지? 아버지를 위하는 효심이 지극한 게 원인이야. 그런데 결과는 좋지 않았어. 아버지를 더욱 괴롭게 만들었어. 잘못된 효심 때문에 불효를 하게 된 거지."

😊💬 "《15소년 표류기》에서 15명의 소년들은 어쩌다가 무인도로 표류하게 되었지? 원인이 뭐야? 그리고 표류의 결과는 뭘까? 2년 동안 소년들은 무엇을 배우고 어떻게 변했니?"

인과관계를 배우면 책 읽기 능력만 좋아지는 게 아닙니다. 삶의 태도도 개선됩니다. 게으르거나 겁이 많거나 무책임한 성격을 고칠 수 있죠. 아래와 같이 질문하면 되겠습니다.

😊💬 "네 삶을 결정하는 건 누구일까? 네 미래 모습은 누가 결정하지? 그렇지. 바로 너 자신이야. 너의 꿈이 너의 미래가 될 게 분명해."

😊💬 "미래를 두려워하지 않는 방법을 알고 있니? 오늘이 내일을 결정한다는 걸 기억하면 돼. 오늘 노력한 만큼 결과가 따라온단다.

미래의 결과는 걱정하지 마. 오늘만 충실히 지내면 되는 거야."

미국의 시인 랠프 월도 에머슨은 "얕은 사람은 운을 믿고 깊은 사람은 인과관계를 믿는다"라고 했습니다. 우리 아이들이 마음 깊은 사람이 되도록 질문으로 도와주면 좋겠습니다.

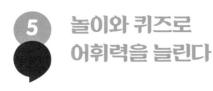

5 놀이와 퀴즈로 어휘력을 늘린다

"'어벤저스'가 무슨 뜻이지?"

흔히 지능지수(IQ)가 높아야 기억력도 좋고 말도 잘하고 똑똑하다고 들 하지만, 사실 어휘력이 IQ를 이깁니다. 기억력이 바탕이 되는 배경지식도 중요하지만, 어휘력도 IQ의 우열을 너끈히 뒤집는다고 많은 연구자가 설명합니다.

당연한 논리입니다. 단어를 많이 알면 새로운 단어를 더 빨리 배우기 때문이지요. 예를 들어, 행성의 뜻을 아는 어린이는 항성을 쉽게 이해합니다. 또 메타(meta)와 유니버스(universe)에 익숙하다면 메타버스(metaverse)가 어렵지 않습니다.

어휘력이 뛰어난 아이의 어휘력은 더 빠르게 팽창합니다. 학습 능력 또한 빠르게 성장하죠. 그러니 자녀의 IQ가 높지 않다는 걱정은 일찌감치 지워버리고 풍부한 어휘력을 갖도록 도와주는 것이 바른 교육 전략입니다.

그러면 어휘력은 어떻게 길러줘야 할까요? 누구나 아는 가장 좋은 길은 독서입니다. 독서를 통해서 꾸준히 어휘력을 늘려가야 하는 것이죠. 독서와 병행하면 좋을 방법도 있습니다. 즐거운 어휘 놀이를 하는 것입니다.

어휘력을 길러주는 말 놀이

먼저, 초등 교과서가 제안하는 방법입니다. 초등 2학년 국어 교과서에는 말 놀이 3가지가 실려 있습니다. 첫 번째는 끝말잇기이고, 두 번째는 수수께끼이며, 세 번째는 다섯고개입니다. 모두 아시겠지만, 기억을 상기시키는 의미에서 예를 들어보겠습니다.

(1) 끝말잇기: "사과." - "과일." - "일기." - "기차." - "차량." - (계속 이어나간다.)

(2) 수수께끼: "말은 말인데 타지 못하는 말은?" → "양말."

(3) 다섯고개: 문제를 맞히는 사람이 정답을 알아내기 위한 질문 5가지를 하나씩 하면서 정답에 근접해간다.

- "첫째 고개, 동물인가요?" → "예."
- "둘째 고개, 어디서 사나요?" → "보통은 집에, 일부는 길에 살아요."
- "셋째 고개, 멍멍 소리를 내나요?" → "아니요."
- "넷째 고개, 수염이 있나요?" → "예."
- "다섯째 고개, 높은 곳에 잘 오르나요?" → "예."

위의 놀이들은 어휘력 향상 외에 다른 장점도 있습니다. 끝말잇기는 모든 낱말이 결국은 음절(예: 과, 일, 기, 차)의 조합이라는 사실을 실감하게 합니다. 수수께끼는 낱말의 중의성과 유머 코드를 가르쳐 주고, 다섯고개는 추리력을 시험하죠. 모두 즐겁게 어휘력을 향상시키는 놀이들입니다.

자녀와 말 놀이를 할 때 활용할 수 있는 좀 싱거운 수수께끼 몇 가지를 소개하겠습니다.

- 나의 것인데 친구가 더 많이 쓰는 것은? → 이름
- 더하거나 곱하거나 값이 같은 숫자 세 개는?
  → 1, 2, 3 (1+2+3=6, 1×2×3=6)
- 화성, 토성, 명왕성에는 있는데 지구에는 없는 것은? → 성
- 말하자마자 사라지는 것은? → 고요
- 아침밥으로 절대 먹을 수 없는 두 가지는? → 점심밥, 저녁밥
- 먹기 위해 사는데 먹지는 못하는 것은? → 수저
- 세상 모든 사람이 반드시 먹는 것은? → 나이
- 만지거나 던지지 않고도 깰 수 있는 것은? → 약속
- "응"이라고 대답할 수 없는 질문은? → 자니?

낱말 무한 연결 퀴즈

어휘력을 향상시키는 또 다른 방법은 '낱말 무한 연결 퀴즈'입니

다. 수많은 낱말들이 긴밀히 연결되어 있다는 걸 알려줌으로써 어휘력을 높이는 방법이죠.

'온도'라는 단어를 가르친다고 가정해보겠습니다. 이때 한 단어만 알려주고 마는 것이 아니라 '따뜻할 온(溫)' 자가 쓰인 낱말들을 들려줌으로써 '따뜻할 온(溫)' 자가 수없이 많은 낱말에 쓰이며, 그 단어들이 모두 연결되어 있다는 걸 알려주는 것입니다.

기온의 뜻은? → 공기의 온도

수온의 뜻은? → 물의 온도

체온의 뜻은? → 몸의 온도

따뜻한 물이 나오는 샘은? → 온천

따뜻한 방은? → 온실

따뜻한 물은? → 온수

따뜻한 방바닥은? → 온돌

따뜻한 마음은? → 온정

따뜻한 날씨는? → 온화한 날씨

많은 단어가 '따뜻할 온(溫)' 자로 연결되어 있다는 사실을 아는 건 지적으로 즐거운 경험입니다.

'거느릴 영(領)' 자도 쓰임새가 많습니다. 사회 시간에 배우는 영토, 영해, 영공도 한꺼번에 가르쳐야 쉽게 이해할 수 있습니다. '대통령'의 '령'에도 같은 한자가 쓰입니다.

- 😊💬 우리나라 땅은? → 영토
- 😊💬 우리나라의 바다는? → 영해
- 😊💬 우리나라의 하늘은? → 영공
- 😊💬 우리나라를 이끄는 사람은? → 대통령

또 다른 예를 보겠습니다. 강사, 의사, 간호사, 교사에는 '스승 사
(師)' 자가 쓰입니다. 판사, 검사, 형사, 도지사, 집사, 기사에는 '일 사
(事)' 자를 씁니다. 뜻은 다르지만 '사' 자가 붙는 경우 대부분 직업을
뜻한다고 알려주면 아이의 이해력이 높아질 것입니다.

'이미 기(旣)' 자를 품은 낱말은 어렵지만 한꺼번에 소개하면 훨
씬 수월하게 배울 수 있습니다.

- 😊💬 이미 정해진 사실은? → 기정사실
- 😊💬 이미 결혼한 남자는? → 기혼남
- 😊💬 이미 존재하는 것은? → 기존의 것
- 😊💬 이미 갖고 있는 권리는? → 기득권
- 😊💬 이미 만들어진 옷은? → 기성복
- 😊💬 이미 본 것 같은 느낌은? → 기시감
- 😊💬 이미 약분된 분수는? → 기약분수

접두사와 접미사를 중심으로 낱말을 연결해도 좋습니다. 우리말에는 접두사를 활용해서 만든 파생어가 많습니다. '헛-'은 '속이 비었다', '의미가 없다'는 뜻으로 여러 낱말에 쓰여 원래 뜻을 바꿉니다. '헛수고', '헛걸음', '헛소문', '헛웃음', '헛살다', '헛돌다', '헛보다', '헛디디다' 등이 있죠.

접미사 파생어도 많습니다. '-개'는 어떤 데 쓰이는 도구나 어떤 행동을 하는 사람을 뜻합니다. '날개', '덮개', '마개', '지우개', '코흘리개', '오줌싸개' 등이 예입니다. 과학 교과서에는 '머리 말리개'도 나옵니다. 헤어드라이어를 말하죠.

위와 같이 한자어, 접두사, 접미사 등의 쓰임새를 알려주면 아이는 낱말을 분석해서 이해하는 방법을 터득하게 됩니다.

아이들이 좋아하는 슈퍼 히어로 이름을 한꺼번에 정리해주면 어떨까요?

아쿠아(aqua)는 '물'의 뜻의 있는데, 아쿠아맨(Aquaman)은 물속에 사는 사람이고 아쿠아리움(aquarium)은 물을 담은 수족관입니다. 어벤저스(The Avengers)는 어벤지(avenge)하는 사람들인데, 어벤지는 '복수하다'라는 뜻입니다. 배트맨(Batman)은 박쥐 모양의 옷과 가면을 착용하는 슈퍼 히어로인데, 박쥐뿐만 아니라 야구 배트도 bat입니다. 블랙 팬서(Black Panther)는 검은 표범이며, 캡틴 아메리카(Captain America)에서 캡틴은 '주장'이라는 뜻이고, 아이언맨(Iron man)에서 아이언은 '철' 또는 '쇠'를 의미합니다. 그 외 스파이더맨(Spiderman), 캣

우먼(Catwoman), 슈퍼맨(Superman)을 함께 엮어서 설명해주면 아이의 어휘력이 빠르게 자랄 것입니다.

이와 같이 세상의 수많은 단어가 서로 긴밀히 연결되어 있다는 사실만 알아도 언어에 대한 호기심은 커져갑니다. 더 나아가 단어를 하나 하나 분석하는 재미까지 느낀다면 어휘력의 급상승을 기대할 수 있습니다. IQ를 이기는 어휘력을 갖게 되는 것입니다.

끝으로, 어휘력을 팽창시킬 다른 방법들을 소개합니다.

첫째, 글을 세심하게 읽게 합니다. 그래서 아이가 단어의 맛을 느끼고, 예쁘고 감동적인 표현의 맛을 음미하도록 이끕니다. "이 표현은 아름답지 않니?", "이 낱말은 아주 재미있다"라고 말하며 아이에게 말맛을 느끼는 방법을 알려주는 게 좋습니다.

둘째, 어휘력을 키우려면 읽기 못지않게 쓰기가 효과적인 만큼 머리와 가슴속의 낱말을 꺼내서 글자화하고 문장화하게 합니다. 아이가 쓰기 싫어하면 필사도 나쁘지 않습니다. 예쁘거나 깊이 있는 표현을 따라 쓰게 하는 것입니다.

셋째, '오늘의 낱말 선정 이벤트'도 좋습니다. 오늘 책이나 생활에서 접한 아름다운 낱말과 표현을 하나씩 말하게 하면 언어 감수성과 어휘력이 무럭무럭 자랄 게 분명합니다.

6 가장 중요한 것을 변별해낸다

"여기에서 가장 중요한 내용이 뭐지?"

많은 아이가 중요한 것과 그렇지 않은 것을 구별하지 못합니다. 그런 아이들은 넋을 놓은 채 읽고 듣습니다. 그러나 구별 능력이 있는 아이는 다릅니다. 어느 내용이 중요한지 적극적으로 평가하면서 읽고 경청합니다.

듣거나 읽는 정보에서 중요한 대목을 찾는 능동적 습관이 아이를 명민하게 만드는데, 무엇보다 다음과 같은 부모의 질문이 큰 도움을 줄 수 있습니다.

😊💬 "이 이야기에서 핵심은 뭘까? 잊지 말아야 할 가장 중요한 내용이 뭔지 알겠니?"

😊💬 "이 이야기에서 덜 중요한 것은 뭘까? 두 번째나 세 번째로 중요

한 것 말이야."

구체적인 예를 들어볼게요. 아래는 초등 사회 온라인 강의에 나
오는 내용입니다.

학교나 집에도 규칙이 있어요. 규칙은 모든 사람이 지켜야 하는 행동의 약
속이에요. 친구들과 게임을 할 때도 규칙이 있어요. 농구나 축구도 규칙을
따르는 스포츠입니다. 그런데 나라에도 규칙이 있죠. 국가에서 정한 규칙
을 법이라고 하는데 법을 따르지 않으면 사회에 혼란이 일어납니다. 게임을
하는 어린이가 규칙을 지켜야 하듯이 모든 국민은 법을 꼭 지켜야 합니다.

위 글에서 가장 중요한 내용은 뭘까요? 앞뒤 맥락에 따라 달라
질 수 있지만 위 단락만 놓고 보면 '법을 지켜야 한다'가 중심 내용입
니다. 아주 쉽죠. 그런데 이걸 못 하는 아이들이 너무도 많습니다. 그
것은 분석력이 부족하기 때문입니다. 분석은 나누기입니다. 글의 핵
심을 알기 위해서는 내용을 부분으로 나눈 후에 각각의 중요도를 비
교하면 됩니다.

가령 위 글에서는 학교 규칙, 가정 규칙, 게임 규칙, 스포츠 규칙,
나라의 규칙을 분리한 후에 각각을 비교하면 어느 것에 강조점이 있
는지 알 수 있습니다. 학교 규칙, 게임 규칙 등은 부수적인 것입니다.

법의 중요성을 설명하기 위해서 끌어들인 곁다리에 불과하죠.

주변적인 것에 주목하는 독해는 오리무중으로 빠집니다. 반대로, 중요한 것에 주목하면 달라집니다. 터널 속에서 빛을 바라보는 기분일 겁니다. 출구가 보이고 방향이 잡힙니다. 핵심을 변별해내는 능력이 그래서 중요하고 귀중한 것입니다.

핵심 변별 능력은 부모의 질문이 길잡이가 됩니다. "오늘 배운 것 중에서 가장 중요한 공식은 무엇일까?", "꼭 기억해야 하는 문법은 뭘까?"라고 묻기만 해도 아이의 핵심 파악 능력이 향상될 것입니다.

- 😊💬 "오늘 국어 선생님 말씀 중에서 가장 중요한 게 뭐였니? 하나만 말해봐."
- 😊💬 "오늘 학교에서 있었던 일 중에서 가장 중요한 일은 뭐였어? 친구가 아파서 결석한 것? 친구의 재미있는 농담? 맛없는 점심? 네가 선생님께 칭찬받은 일?"
- 😊💬 "오늘 영어 배웠지? 꼭 기억해야 할 단어나 문장은 뭐니?"

책 내용을 대상으로 똑같이 질문하고 설명할 수도 있습니다.

- 😊💬 "이 글의 중심 생각은 무엇이니? 작가는 무엇을 말하기 위해서 이 글을 썼을까?"
- 😊💬 "가장 중요한 문장을 하나 고른다면 어느 거야? 문단 중에서 가

장 중요한 것은 어느 거야?"

💬 "이 이야기에서 가장 중요한 사건은 뭐였어? 주인공을 큰 곤란에 빠트렸거나 위기에서 탈출시킨 사건을 고르면 돼."

예를 들어 《늑대와 일곱 마리 아기 염소》에서 가장 중요한 사건은 무엇일까요? 엄마가 늑대의 배에서 아기 염소들을 꺼내고 돌을 집어넣어 꿰매는 장면일 것입니다.

또 《오즈의 마법사》에서는 도로시가 마법사의 정체를 밝히는 장면이 가장 중요한 순간이었습니다. 물론 개인마다 관점에 따라 중요도에 대한 평가 기준이 다르겠지만, '나'에게는 '나의 평가'가 가장 중요합니다. 자기가 생각하는 가장 중요한 사건이나 상황을 찾아내는 순간 그 이야기는 '내 것'이 됩니다.

7 추리 추론으로 보이지 않던
결론을 끌어낸다

"저 강아지는 어떤 일을 겪은 걸까?"

여기서는 추리 혹은 추론에 대해서 이야기하겠습니다. 뜻이 거의 같은데 일상에서는 '추리'를 많이 쓰고, 교과서에서는 보통 '추론'이라고 합니다. 한데 엮어서 '추리 추론'이라고 해도 될 것 같은데요. 먼저 '추리'부터 시작해보겠습니다.

탐정이 주인공인 만화나 책을 본 아이에게 질문합니다.

(1) "범인이 누구인지 알겠니?"
(2) "범인이 누구인지 추리할 수 있겠니?"

같은 의미의 두 문장이지만 사용 단어들을 살펴보면 (1)에 쓰인

'알다'보다는 (2)에 쓰인 '추리하다'가 낫습니다. 더 정확한 개념이기 때문입니다. 추리는 중요한 생각 기술입니다. 보이는 사실에 바탕해서 결론을 끌어내는 것이 추리입니다. 탐정은 현장 상황이나 흔적을 하나 하나 분석해서 누가 범인인지 결론 내리는데, 그런 생각 방식이 추리입니다.

또 다른 예를 볼까요?

- 😊💬 "동생이 오늘은 말이 없어. 방에서 나오지도 않고. 동생 마음이 어떤지 추리할 수 있겠니?"
- 😊💬 "냉장고에 있던 피자가 감쪽같이 사라졌어. 포장 비닐은 아빠 옷 주머니에서 나왔어. 아빠는 또 배가 부르다며 저녁을 거르셨어. 누가 피자를 몰래 먹었는지 추리할 수 있겠지?"

피자 먹은 범인을 찾을 때처럼 증거에서 결론을 끌어내는 것이 추리입니다. 비슷한 말이 많죠. '추리하다', '추론하다', '짐작하다', '유추하다'는 모두 비슷한 뜻의 동사들입니다. 그런데 이런 이야기를 왜 하느냐고요? 추리 추론이 초등 교육의 중요 개념이기 때문입니다.

초등 교과서에서 가장 흔한 표현은 '짐작하다'입니다. 그래서 저학년 국어 교과서에는 '주인공의 마음을 짐작해보세요'라는 요구가 자주 나옵니다. 예를 들어, 눈물 흘리는 아이의 마음을 짐작해보라는 식인데 결국은 추리하라는 뜻입니다.

학년이 올라가면 '추론'이라는 개념이 등장합니다. 4학년 국어 교과서에는 '가치관 추론' 문제가 나옵니다. 예를 들어, 백성들을 아낀 실학자 정약용의 가치관을 추론해보라는 문제가 아이들에게 제시됩니다. 6학년 국어 시간에는 추론을 본격적으로 가르칩니다. 주인공의 언행을 바탕으로 주인공의 생각을 추론할 수 있다는 설명이 나옵니다. 낱말 뜻을 찾는 것도 추론에 도움이 된다는 설명도 있고요.

국어만이 아닙니다. 다른 과목에서도 추리 혹은 추론 능력을 가르칩니다. 수학의 통계가 대표적이죠. 예를 들어, 아래는 3학년 수학 교과서에 나오는 통계 수치입니다.

우리 반 학생들이 도서관에서 빌린 책

동화책	26권	과학책	30권
위인전	14권	백과사전	3권

위의 통계 결과를 분석하면 알 수 있는 사실은 무엇일까요? 학생들이 과학책과 동화책을 가장 좋아한다는 사실을 알 수 있습니다. 또 위인전과 백과사전은 인기가 없다는 것도 알 수 있죠. 그렇게 결론을 이끌어냈다면 그게 바로 추리이고 추론입니다.

국어, 사회, 과학, 수학 등 과목을 가릴 것 없습니다. 추리 추론은 모든 과목의 중요한 공통 주제입니다. 그러니 추리 추론을 잘하는 아이가 공부를 잘하는 건 당연합니다.

추리 추론 연습하기

부모가 할 일이 있습니다. 추리 혹은 추론이 중요한 학습 개념이라는 것을 인지한 후 일상에서 연습을 시키는 것입니다. 연습은 독서할 때 자연스럽게 할 수 있습니다.

우선, 등장인물의 감정이나 생각을 짐작하도록 질문하면 됩니다.

> 😊💬 "'해리 포터가 얼굴을 붉히고 소리를 질렀다'라고 되어 있네. 해리 포터의 감정은 어떤 상태일까?"

해리 포터가 화가 났다고 추리하는 것이 일반적입니다. 하지만 좌절했다거나 무서워한다고 해석할 수도 있습니다. 맥락에 따라 추리 내용이 달라질 수 있는 것입니다.

등장인물들의 성격을 짐작하는 것 역시 좋은 추리 추론 연습입니다.

> 😊💬 "숲에서 길을 잃은 백설공주를 난쟁이들이 도왔어. 위험에 빠진 사람을 아무 대가 없이 도와준 난쟁이들은 어떤 사람들일까? 어떤 성격이고 어떤 마음을 가졌을까?"

난쟁이들은 길 잃은 백설공주를 아무 대가 없이 도와줬습니다. 그것이 판단의 근거가 됩니다. 난쟁이들이 선하고 따뜻한 사람들이라고 충분히 유추할 수 있습니다.

책이 아니라 TV를 보면서도 추리 추론 연습을 쉽게 할 수 있습니다. 아래와 같이 물어보면 됩니다.

> 😊😔 "주인공의 눈이 젖었고 고개도 숙였어. 마음이 어떨지 추리해볼 수 있겠니?"

> 😊😔 "저 반려견은 사람을 아주 무서워해. 꼬리는 항상 아래로 내려 가 있어. 어떤 일을 겪은 걸까? 이전 주인에게 학대를 받은 것은 아닐까?"

아이와 함께 노래를 듣다가도 추리 추론 연습을 할 수 있습니다.

> 😊😔 "노래 가사를 들어봐. 노래하는 사람의 감정은 어떤 상태일까? 슬프다면 왜지? 거절당한 것일까? 이별하고 후회하는 것일까? 그렇게 생각하는 이유는 뭐야? 가사에서 증거를 찾아보자."

추리 추론은 중요한 생각 기술입니다. 독서, TV 시청, 음악 감상을 하면서 추리 추론을 가르치면 아이의 지적 수준이 높아집니다.

추리 추론 능력은 행복의 수준과도 직결됩니다. 가령 친구의 마음을 짐작하는 능력은 아이에게 행복을 선물합니다. 이렇게 물어볼 수 있습니다.

"친구가 오늘 말이 없었다고? 밥도 먹지 않았어? 왜 그랬을까? 집에서 야단을 맞았을까? 무슨 고민이 있는 걸까? 몸이 아팠던 건 아냐? 너는 어떻게 생각하니?"

상대 마음을 추리할 줄 알게 된 아이는 대인관계가 좋아집니다. 추리 추론 능력이 행복을 가져다주는 것입니다.

이렇듯 추리 추론 능력은 공부만의 이슈가 아닙니다. 추리 추론에 강한 아이가 수월하게 공부하고, 즐겁게 독서하고, 친구의 마음도 잘 읽어낼 수 있습니다. 교과 점수뿐만 아니라 행복 점수도 높여주는 게 추리 추론 능력입니다.

8 칭찬은 로켓 엔진, 동기 부여는 터보 엔진이다

"이 기분 좋은 일이 왜 일어났을까?"

칭찬과 동기 부여는 로켓 엔진과 같습니다. 아이들을 높이 날아오르게 하기 때문입니다. 하지만 모든 칭찬과 동기 부여가 비상 효과를 내는 것은 아닙니다. 무엇보다 분석이 우선되어야 합니다. 아이의 마음 상태를 분석한 후에 적합한 칭찬과 동기화를 시도해야 합니다.

효과 좋은 칭찬 유형 5가지

아이에게 칭찬이 필요하다는 사실을 모르는 부모는 없습니다. 그런데 칭찬법을 잘 아는 부모는 많지 않습니다. 칭찬에 인색한 환경에서 자랐으니 칭찬 기술이 부족한 것입니다. 그래서 "잘했다", "최고다"처럼 습관적으로 추상적인 칭찬을 자꾸 쏟아내게 되는데, 그러면 아이는 금방 칭찬에 무뎌지고 칭찬 효과 역시 떨어질 게 뻔합니다.

그래서 세분화해서 다양하게 칭찬하는 전략이 필요한데요. 미국 서던일리노이대학교의 교육심리학 교수 잭 스노우맨(Jack Snowman)의 저서 《교습 심리학(Psychology Applied to Teaching)》에 의하면 효과 좋은 칭찬에는 5가지 유형이 있다고 합니다.

(1) 자연스럽고 따뜻한 감탄 칭찬: "이 독서 감상문은 굉장히 훌륭하다. 초등 수준을 뛰어넘어. 감동이야."
(2) 발전 감각을 심어주는 칭찬: "점수가 올랐네. 점점 나아지고 있어. 다음에는 더 좋아질 거야."
(3) 제3자의 인정을 청하는 칭찬: "여보. 우리 딸 정말 대단하지 않아요?", "이것 봐. 오빠가 감동적인 글을 썼네. 같이 읽어볼까?"
(4) 분명한 보상을 제시하는 칭찬: "멋진데! 공부하느라 고생이 많았어. 이제는 실컷 놀 자격이 있어. 주말 이틀 동안 쉬지 말고 놀아야 해."
(5) 위로가 섞인 칭찬: "계산 문제를 몇 개 실수했지만 전반적으로 아주 잘했어. 다음에 실수를 줄이면 돼."

각각의 칭찬 유형마다 각기 다른 효과를 낼 겁니다. 감탄 칭찬은 아이와 부모의 정서적 유대감을 높일 테고, 발전을 확신하는 칭찬을 들은 아이는 낙관적이게 될 것이며, 아빠 등 가족에게 동의를 구하는 칭찬은 아이의 자부심을 더욱 공고화할 수 있습니다. 그리고 보상하는 칭찬은 노력의 대가가 달콤하다는 걸 깨닫게 해줄 테고, 위로의 칭찬은 좌절감을 이기는 힘을 줄 것입니다.

이 5가지 유형의 칭찬을 질문형으로 바꿀 수도 있겠습니다.

- 😊💬 "엄마가 얼마나 행복한지 짐작할 수 있겠니? 아빠가 눈물도 찔끔 흘린 거 아니?"
- 😊💬 "이 기분 좋은 일이 왜 일어났을까? 너는 어떻게 갈수록 현명해지니? 놀라워!"
- 😊💬 "이 소식을 알면 또 누가 기뻐하실까? 할머니와 삼촌도 자랑스러워할 게 분명해."
- 😊💬 "네가 가장 원하는 게 뭐야? 노력을 했으니까 보상이 있어야지. 집을 팔아서라도 사줄게."
- 😊💬 "실패가 너에게 해롭겠니, 아니면 이롭겠니? 실패는 어린이에게 필수야. 실패를 해봐야 성공하거든. 그리고 너는 점점 성공에 가까워지고 있어. 용기를 내."

위와 같은 질문형 칭찬은 아이를 생각하게 만들 것입니다. 내가 어떤 일을 어떻게 잘했는지, 어떤 희망을 품어야 할지 곰곰이 생각하는 아이가 행복의 길을 배웁니다.

동기화의 4가지 방법

칭찬과 함께 아이에게 터보 엔진을 달아주는 게 있는데, 동기화

혹은 동기 부여입니다. 미국 캘리포니아대학교의 교육심리학자 리처드 마이어(Richard Mayer) 교수는 저서《학습과학의 적용(Applying the Science of Learning)》에서 동기 부여의 방법을 4가지로 정리했습니다.

(1) 흥미 유발

첫 번째는 '흥미 유발'입니다. 누구나 흥미를 느끼면 시키지 않아도 노력을 쏟아붓습니다. 그러니 아이가 흥미로워할 것을 찾는 게 급선무입니다.

기본 방법은 잦은 노출입니다. 아이가 좋아할 것 같은 분야의 책이나 영상 정보를 자주 읽고 보게 하는 것입니다. 그러다 아이가 관심을 보이기 시작하면 부담을 줄여주면서 응원을 합니다. "네가 정말 좋아하는 과목이 뭐야? 다른 건 못 해도 괜찮아. 좋아하는 과목에 집중해보자." 이렇게 말하면서요.

(2) 자신감 키우기

동기 부여의 두 번째 방법은 '자신감 키우기'입니다. 누구나 자신이 잘하는 것에 몰두하게 됩니다. 또 누구에게나 잘하는 분야가 있기 마련입니다. 다만 자신이 무엇을 잘하는지 모를 뿐입니다. 아이가 무엇을 잘하고 어떤 것에 재능이 있는지 발굴해서 적극적으로 알려주면 아이 마음에 자신감이 차오르게 됩니다.

(3) 노력 신뢰

동기 부여의 세 번째 방법은 '노력 신뢰'입니다. 노력하면 성공하고 노력하지 않으면 실패한다고 확고히 믿는 아이가 공부를 열심히 합니다. 노력과 결과의 인과관계를 설명해주고 환기시켜주어야 합니다.

(4) 목표 설정

동기 부여의 마지막 방법은 '목표 설정'입니다. 자신이 원하는 목표가 뚜렷하면 저절로 공부에 몰입하게 되겠죠. 목표는 창의적이어야 합니다. 다른 사람들이 선망하는 꿈이 아니라, 자신이 원하는 꿈을 꿔야 하는 것입니다.

동기 부여의 4가지 방법도 질문형으로 바꿀 수 있습니다.

- 😊💬 "이거 놀랍지 않니? 사람 몸의 60%가 액체라니 너무 신기해. 그렇다면 사람을 고체라고 할 수 있을까? 사실 너도 아빠도 비닐봉투 속의 액체 인간이 아닐까? 조심해. 뚫리면 다 쏟아질 테니까. 그리고 이것도 봐. 우리 은하와 안드로메다 은하가 결국은 충돌한대. 어떡하지?"

- 😊💬 "너 지난번에 굉장히 잘했다는 거 잊어버렸니? 네가 갈수록 발전했다는 거 모르겠니? 너는 우후죽순처럼 자라고 있어. 파죽지세가 멀지 않았어. 자신감을 가져. 너는 놀라운 아이야."

😊💬 "혼자 산을 옮긴 할아버지 이야기를 아니? 물방울은 어떻게 바위를 뚫을까? 꾸준함 때문이야. 같은 노력을 오래 반복하다 보면 나중에 놀라운 일이 생긴단다. 그걸 잊지 말아줘."

😊💬 "너는 어떤 삶을 원하지? 너만의 꿈이 있니? 남과 같을 필요는 없어. 남들이 좋아하는 걸 너도 좋아할 이유가 전혀 없는 거야. 너에게 맞는 너만의 꿈을 가져봐."

위의 질문에서는 호들갑을 떤다 싶을 정도로 신나게 지식을 알려줍니다. 또 틀림없이 나아지고 있으니까 자신감을 가지라고 응원합니다. 그리고 노력에 걸맞은 결과가 나오는 이치를 말해주고, 아이만의 창의적 꿈을 꾸라고 조언했습니다. 하나라도 적중하면 아이의 마음에 동기를 선물할 수 있을 겁니다.

9 등장인물의 성격을 비교 분석한다

"등장인물들의 성격을 비교해볼까?"

'인물의 성격을 생각하며 극본을 소리 내어 읽기.'

초등 3학년 국어 교과서의 한 단원이 제시한 학습 목표입니다. 극본에는 호랑이와 나그네와 토끼가 나옵니다. 나그네는 궤짝에 갇힌 호랑이를 풀어줬다가 오히려 잡아먹힐 뻔하는데, 토끼가 궤짝에 다시 들어가도록 호랑이를 꾀어준 덕분에 위기가 해소됩니다.

교과서는 세 명의 등장인물들의 성격을 파악하면서 글을 읽으라고 권했습니다. 호랑이는 은혜를 모르며 포악합니다. 나그네는 착하지만 판단력이 부족해 위험을 자초합니다. 토끼는 지혜롭고 남을 돕기를 좋아합니다.

이렇게 등장인물들의 성격을 분석하라고 교과서가 권하는 이유는 무엇일까요?

첫째, 인물의 성격을 감안하며 글을 읽으면 더 재미있기 때문입니다. 각 인물에 성격을 부여하면 캐릭터가 살아 움직이게 되니까 더 흥미로울 수밖에 없죠.

둘째, 등장인물들의 성격을 파악하면 문해력도 급상승합니다. 등장인물들의 성격이 사건을 만드는 경우가 많습니다. 왕이 발가벗고 길거리를 돌아다닌 것은 허영심이 많아서이고, 놀부가 제비 다리를 부러뜨린 것은 잔인한 성격이니까 저지른 짓입니다. 그런 성격을 파악하면 사건의 인과와 흐름을 쉽게 이해할 수 있습니다.

그러니 아이가 평소 이야기 속 등장인물들의 성격에 관심을 갖도록 이렇게 질문해보세요.

> "이 등장인물은 어떤 감정을 느꼈을까? 기분이 어땠을까? 슬펐을까? 기뻐했던 것 같니? 행복했다고? 무섭지는 않았을까? 감사를 느낀 것은 아닐까?"

> "이 사람은 어떤 일이 일어나기를 바란 것 같니?"

> "내가 이 토끼라면 어떤 마음을 느꼈을까?"

> "이 아이와 똑같거나 비슷한 감정을 느낀 일이 있어?"

> "어떻게 하면 이 사람을 더 행복하게 해줄 수 있을까?"

> "이 등장인물에게 어떤 말을 해주고 싶어?"

> "이 아이는 키가 얼마나 클까? 목소리는 어떨까? 어떤 음식을 좋아하고 어떤 책을 읽을까?"

아이의 선호를 묻는 질문도 가능합니다.

- ☺♥ "등장인물 중에서 누가 가장 좋아? 누구를 친구로 삼고 싶니?"
- ☺♥ "등장인물 중에서 가장 싫은 건 누구야? 그 사람은 왜 그런 행동과 말을 한 것 같니?"
- ☺♥ "이 이야기에서 가장 현명한 건 누구라고 생각해? 어리석거나 오만한 사람은 없니?"

개별적인 등장인물 분석을 넘어선다면 더 좋겠습니다. 성격을 비교하는 것입니다. 예로《흥부와 놀부》에 등장하는 인물들의 성격을 비교해보겠습니다.

놀부	흥부	제비	도깨비
이기적이다. 욕심이 많다. 왠지 무섭게 생겼을 것 같다. 제비를 해쳤으니 나쁘다.	이타적이다. 욕심이 적다. 남을 괴롭히지 않는다. 동물을 불쌍하게 여긴다.	귀엽다. 고마움을 안다. 착한 사람을 돕고 싶어 한다.	무섭게 생겼다. 성격도 무섭다. 힘이 세다. 나쁜 사람을 혼내준다.

등장인물들의 성격을 비교 분석하고 나면 이야기가 더 입체적으로 느껴집니다. 드라마나 웹툰의 캐릭터 분석도 같은 방식으로 할수 있습니다. 만화로 된 학습서의 등장인물을 비교하는 것도 흥미롭

게 할 수 있습니다.

등장인물들의 성격을 책 밖의 사람과 비교할 수도 있습니다. 먼저 등장인물과 아이 자신 혹은 주변 사람을 비교하면 재미있습니다.

😊💬 "걸리버와 너를 비교하면 어때? 모험심과 호기심이 강하다는 점이 닮은 것 같지 않니?"

😊💬 "엄마를 닮은 동화 속 캐릭터는 없니? 백설공주라고? 엄마가 그렇게 예뻐? 뭐? 사과라면 사족을 못 써서 그렇다고?"

😊💬 "라푼젤과 너를 비교해봐. 둘 다 헤어스타일이 멋있는 데다 밝은 성격도 비슷하잖아."

작가의 의도를 추측한다

"작가는 왜 이 글을 썼을까?"

《피노키오》를 읽은 아이의 마음을 상상해보세요. 어떻게 말해줘야 아이가 새로워질까요?

(1) "이야기가 참 재미있지? 작가는 대단해. 이렇게 재미있는 이야기를 쓰다니 말이야."

(2) "이야기가 참 재미있지? 그런데 작가는 왜 이 이야기를 썼을까?"

(1)은 작가를 추앙합니다. 우러러보는 것이죠. 아이의 위치는 작가의 발치입니다. (2)는 작가와 대등하기를 요구합니다. 작가를 올려다보지 말고 동등한 위치에서 작품을 분석해보라고 말합니다. 아이

의 위치는 작가만큼 높아졌습니다.

물론 (2)가 아이에게는 난해한 질문입니다. 하지만 수동적인 독자였던 아이에게 비평가의 지위를 부여하는 건 특별합니다. "작가가 왜 이 이야기를 썼을까?"라는 질문은 아이를 전혀 다른 차원으로 옮기는 마법의 양탄자와 같습니다.

모든 이야기는 내용을 분석해보면 작가의 의도를 추측할 수 있습니다. 《피노키오》의 경우 피노키오는 나쁜 친구들의 꾐에 넘어가서 가출하고 서커스단에 팔리는 등 온갖 고생을 합니다. 이런 설정을 놓고 보면 작가는 아이를 지켜주는 가정이 소중하다는 걸 말하려는 의도가 있는 것 같습니다.

한번은 피노키오가 거짓말을 했다가 코가 커져서 곤란했습니다. 작가는 이런 설정을 통해 거짓말이 아주 나쁜 행동이라고 아이들에게 말해주고 싶었을 겁니다. 이야기 끝에서 피노키오가 진실한 마음을 갖게 되는데, 이를 보고 기뻤던 요정이 피노키오를 사람으로 만들어줍니다. 진실한 마음이 행복을 가져온다는 게 작가의 생각으로 보입니다.

요약하면, 작가 카를로 콜로디는 아이들에게 '선하고 바르게 자라야 한다'고 알려주고 싶어서 《피노키오》를 썼던 것입니다.

작가에게 감탄하는 것에 머물지 않고 작가와 대등한 위치에서 작품을 분석하는 건 어른도 하기 힘든 최고 수준의 독서 경험입니다. 이런 경험을 주기 위해 아이들에게 가끔 이렇게 물어봐야 합니다.

😊💬 "작가는 이 이야기를 왜 썼을까? 독자에게 어떤 말을 하고 싶었을까?"

😊💬 "말썽을 많이 피운 피노키오는 어린이 독자들에게 뭐라고 말하고 싶을까?"

😊💬 "이 영화의 주제는 무엇일까? 감독은 관객들이 어떤 생각을 하길 바랄까?"

😊💬 "이 노래의 작사가가 하고 싶었던 말은 뭐라고 생각하니?"

동화뿐만 아니라 드라마와 대중가요에도 메시지가 있습니다. 메시지를 분석해내는 시도를 해낸 아이는 더 성숙한 대중문화 소비자가 될 수 있습니다.

동화의 예를 몇 가지 더 추가하겠습니다. 우선《어부와 욕심쟁이 아내》이야기에 관한 질문 예입니다.

😊💬 "작은 오두막에 아내와 함께 살던 가난한 어부가 어느 날 큰 물고기를 잡았는데 마법에 걸린 왕자였어. 어부가 놔주자 물고기가 은혜를 갚으려 큰 집을 지어주었지. 그런데 어부의 욕심쟁이 아내가 집 대신 성을 달라고 했어. 물고기가 청을 들어줬는데, 이번에는 왕이 되고 싶다고 했지. 그 소원이 이루어진 다음에는 황제로 만들어달라고 물고기에게 요구했어. 갈수록 더 큰 걸 원하자 어느 날 물고기는 모든 것을 없앴고, 어부 부부는 원래의

작은 오두막에서 가난하게 살게 되었지. 이 이야기를 쓴 작가는 독자에게 어떤 교훈을 주고 싶었을까?"

보셨다시피 이 이야기에는 탐욕이 큰 해를 끼친다는 경고가 담겨 있습니다. 큰 욕심을 부리지 말고 만족하면서 살아야 한다는 것도 작가의 메시지입니다.

《행복한 왕자》도 작가의 메시지가 담긴 이야기입니다.

😊💬 "《행복한 왕자》는 아일랜드 작가 오스카 와일드가 100여 년 전에 발표한 동화야. 작가는 왜 《행복한 왕자》를 썼을까? 하고 싶은 이야기가 뭘까?"

왕자는 자신의 몸을 조각조각 떼어주며 가난한 사람을 도왔습니다. 이런 설정을 보면 나눔과 희생에 대한 동화라고 할 수 있겠죠. 작가는 어려움에 처한 사람들을 돕는 게 아름답다고 말하고 싶었을 것입니다. 그래서 이야기를 어렵게 써서 책으로도 냈을 겁니다. 그렇게 작가의 의도를 추측하고 설명해주면 아이는 특별한 독서 경험을 갖게 됩니다.

그런데 꼭 기억해야 할 중요한 사실이 있습니다. 작가의 의도를 파악하는 것은 독서의 목표 중 하나에 불과합니다. 책을 읽는 이유는 더 많습니다. 가령 즐겁기 위해서 책을 읽어도 됩니다. 폭소를 터뜨리거나 슬픔에 휩싸이는 게 책 읽기의 목적일 수도 있습니다. 그렇게 웃기고 슬프고 즐거운 책 읽기도 훌륭한 독서입니다.

아이에게도 놀이로서의 독서를 허용해야 합니다. 독서를 할 때마다 작가의 의도나 주제를 알아내라고 강요하면 아이들은 책을 멀리하게 될 것입니다. 분석적 독서와 놀이 독서의 균형을 맞춰주세요.

5

평가 능력을
높이는 질문

평가 능력
기준에 따라 대상의 가치를
헤아리거나 결정하는 능력

평가 질문의 기본 패턴
"이 책의 장단점은 뭘까?"
"이 주장을 신뢰할 수 있을까?"
"가장 좋은 의견은 어느 것이라
고 생각하니?"

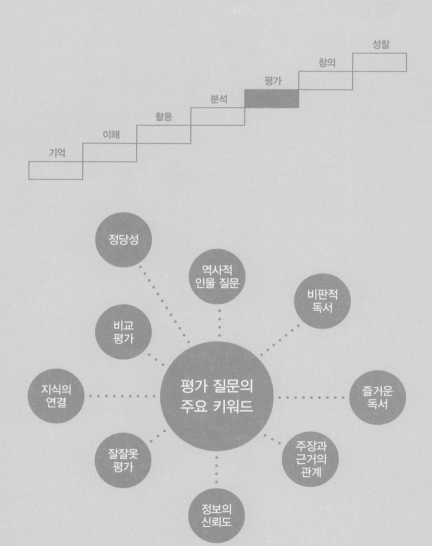

기억

이해

활용

분석

평가

창의

성찰

정당성

역사적
인물 질문

비판적
독서

비교
평가

지식의
연결

평가 질문의
주요 키워드

즐거운
독서

잘잘못
평가

주장과
근거의
관계

정보의
신뢰도

역사적 인물에 대한 질문으로
시야를 넓힌다

"세종대왕보다 더 중요한 인물은 없다고 생각하니?"

역사적 인물은 아주 유용한 질문 주제입니다. 여러 종류의 질문을 통해서 아이의 사고를 정교하게 만들 수 있으니까요. 적어도 4가지 유형으로 질문할 수 있습니다.

(1) 기억 확인 질문: "세종대왕이 누구야? 어떤 업적을 남겼지?"

(2) 이해 질문: "그 분이 왜 우리나라 역사에서 중요하지?"

(3) 가상의 창의성 질문: "만일 세종대왕이 한글을 만들지 않았다면
지금 우리 생활은 어떨까?"

(4) 종합 평가 질문: "세종대왕보다 더 중요한 역사적 인물은 없다고
생각하니?"

대부분의 부모가 (1)처럼 질문합니다. 책이나 영화에 대해서 이야기할 때도 비슷합니다. 아이가 무엇을 기억하는지 기억력 테스트를 하는 데 몰두하는 것입니다. 그러나 차원이 다른 질문도 많습니다. (2)도 좋은 질문입니다. 세종대왕이 역사적으로 왜 중요한지 답하려면 세종대왕의 업적 중에서 특히 훈민정음 창제의 역사적 의미를 이해해야 합니다. (3)도 상상력과 창의성을 자극하니까 훌륭한 질문입니다. 세종대왕이 없었다면 아마 우리는 그 복잡한 한자를 배워야 했을 가능성이 높죠. 아니면 영어나 일본어를 쓰고 있을지도 모릅니다. (4)도 높은 수준의 질문입니다. 어떤 아이는 광개토대왕, 이순신, 안중근 등이 세종대왕만큼 중요하다고 평가할 것이고, 또 다른 아이는 모든 백성이 역사의 주역이라고 답할 수도 있습니다.

물론 저도 알고 있습니다. 답변이 쉽지 않습니다. 아마 역사학을 전공하는 대학생도 질문 (2), (3), (4)에 쉽게 답하지 못할 겁니다. 하지만 질문은 그 자체로 효과가 있습니다. 질문을 들은 아이는 생각이 트이기 때문입니다. 세종대왕을 여러 각도에서 여러 기준으로 탐구하고 분석할 수 있다는 걸 깨닫는 것 자체가 큰 지적 성장입니다. 그러니 답이 돌아오지 않더라도 질문을 던질 이유가 충분하지요. 만약 아이가 답을 하려고 시도한다면 그건 더 기쁜 일입니다.

이순신 장군에 대해서도 유사한 질문을 할 수 있습니다.

😊💬 "이순신 장군이 누구야? 어떤 업적을 남겼지?"

😊💬 "이순신 장군이 왜 우리 역사에서 유명하지? 그 분의 용기와 희생이 큰 감동을 주기 때문이 아닐까?"

😊💬 "이순신 장군이 없었다면 어떤 일이 벌어졌을까? 백성들이 일본군 때문에 막대한 피해를 입지 않았을까?"

😊💬 "이순신 장군보다 위대한 역사적 인물은 없을까? 을지문덕 장군이나 강감찬 장군은 어때?"

가장 어려운 질문은 네 번째 질문입니다. 비교 평가 질문으로, 다른 인물에 대한 지식이 풍부해야 답할 수 있으니까요. 달리 말해서, 비교 평가 질문에 답하려고 시도하다 보면 지식의 폭이 훨씬 넓어집니다. 질문에서 이순신에 비견될 무인으로 두 명을 꼽았습니다. 을지문덕은 고구려의 영웅으로, 당시 동아시아 최강국이던 수나라의 200만 대군을 몰살시키고 나라를 지켜냈습니다. 강감찬은 귀주대첩에서 거란족의 침략을 막아낸 고려의 영웅입니다. 그들도 이순신만큼이나 위대한 장군들이죠.

비교 평가 질문의 예를 몇 가지 더 소개하겠습니다.

😊💬 "고구려의 광개토대왕과 조선의 세종대왕 중 누가 더 위대한 것 같니? 광개토대왕과 알렉산드로스 대왕과 비교하면 어때? 쉽지 않지만, 그래도 도전해볼까?"

😊💬 "왕을 제외하고 가장 위대한 역사적 인물 세 명을 고를 수 있겠

니? 최치원, 정몽주, 정약용, 김유신, 연개소문, 전봉준, 김옥균, 서희, 장영실 중에서 아무나 골라도 돼."

한편 외국 과학자에 대해서도 비슷한 질문을 할 수 있습니다. 다만 가상 상황 질문은 너무 까다로우니까 빼는 게 좋겠습니다.

😊💬 "갈릴레오가 누구야? 어느 나라 사람이고 어떤 일을 했어?"

😊💬 "왜 그가 중요하지? 업적이 뭐야?"

😊💬 "갈릴레오보다 중요한 과학자는 없니?"

갈릴레오 갈릴레이는 16세기 중반에 태어난 이탈리아의 과학자로 물리학, 천문학, 수학 등에 큰 기여를 했다고 평가받습니다. 자신이 직접 개량한 망원경으로 목성의 위성과 토성의 고리와 달 표면을 관찰한 것이 유명한 업적입니다. 아울러 그는 박해를 받으면서도 지동설 주장을 굽히지 않은 용기 덕분에 역사상 가장 용기 있는 과학자로 평가받기도 합니다.

갈릴레오가 업적을 많이 남겼고 역사적으로 유명하지만, 평가 기준에 따라서는 뉴턴이나 아인슈타인이 더 중요한 과학자라고 꼽을 수도 있겠죠. 지동설을 처음 내놓은 코페르니쿠스를 꼽을 수도 있겠네요.

이유식만 주면 아이는 성장하지 못합니다. 때가 되면 씹기 힘든 밥과 반찬도 입에 넣어줘야 하죠. 질문도 똑같습니다. 아이가 답할 수 있는 질문만으로는 부족합니다. 폭이 넓고 난해해서 답하기 까다로운 질문도 필요해요. 쉽지 않은 질문이 아이를 성장시킬 것이기 때문입니다.

혹시 아이가 "이 어려운 걸 엄마는 알아요?"라고 질문하면서 반격해도 당황하거나 긴장하지 말고 "엄마도 잘 모르는데, 같이 답을 찾아보면 되지 않겠니?"라고 대꾸하면 아무 문제가 되지 않습니다. 아니, 어쩌면 더 좋을 수도 있어요. 모든 답을 아는 척하는 부모보다는 노력하는 부모가 아이에게 더 중요한 교훈을 줄 테니까요.

2 예민하게, 예리하게!
생각을 넓히는 비판적 독서

"이 책의 장점과 단점은 뭐니?"

모든 사람은 동등합니다. 어린아이, 부모, 교사 모두 차별 없이 존중받아야 한다는 걸 부정할 사람은 없습니다. 그러면 작가와 독자는 어떤가요? 역시 동등한 관계여야 합니다. 작가의 주장을 높이 떠받들게 아니라 비판하고 평가해야 건강한 독자인 것입니다.

우리 아이도 건강하고 당당한 독자로 자랄 수 있습니다. 질문만 바꾸면 효과가 금방 나타납니다.

(1) "이 책은 아주 감동적이지 않니? 재미도 있어. 작가가 굉장한 사람인 것 같다."
(2) "이 책은 감동적이고 재미도 있어. 대단해. 그런데 단점은 없을까?"

대부분의 부모는 (1)처럼 말합니다. 그러나 가끔은 (2)처럼 질문해야 합니다. 단점 없는 사람이 없듯, 장점만 있는 책과 이야기도 없기 때문입니다. 물론 매번 트집을 잡는 건 피곤한 일이지만, (2)엔 중요한 메시지가 들어 있습니다. 그것은 작가 발치에 엎드려 있지 말고 작가와 대등한 위치로 올라서라는 응원의 메시지입니다. 이렇게 질문 유형을 바꿔서 비판적인 시각을 유도하면 책을 대하는 태도만 바뀌는 게 아닙니다. 아이 스스로 자신의 가치와 자격을 격상시킬 겁니다. 나아가서 책만 아니라 모든 사람과 모든 현상을 당당하게 평가하는 근사한 사람으로 자랄 것입니다.

아래와 같이 질문하는 연습을 해보세요.

😊💬 "이 책의 장단점이 뭘까?"

😊💬 "이 이야기는 어떤 점에서 훌륭하고 어떤 것이 부족하다고 생각하니?"

아무리 명성 있는 작가의 이야기도 허점이 있기 마련입니다. 예를 들어볼까요? 《잭과 콩나무》를 읽은 아이에게 이렇게 질문할 수 있습니다.

😊💬 "재미있는 이야기다. 가슴 떨리는 긴장감도 대단해. 그게 장점인 것 같다. 그런데 단점은 없을까? 잭이 거인의 물건을 훔친 건

옳은 일이 아닌 것 같다. 너는 어떻게 생각하니?"

《잭과 콩나무》만큼 난감한 동화는 드뭅니다. 남의 집에 가서 물건을 가져오는 아이가 주인공이고, 물건의 주인(거인)이 목숨까지 잃고 맙니다. 도덕규범에 반하는 설정이죠. 그래서 어떤 책은 거인의 보물이 원래 잭의 아버지 것이었다고 설정을 바꾸기도 합니다. 사정이야 어떻든 잭이 남의 집에 숨어 들어가서 물건을 가져온 것은 정당화되기 어렵습니다. 이야기에 큰 단점이 있는 것이죠.

또 다른 문제점도 보입니다. 돈이 많으면 행복할까요? 잭과 어머니를 행복하게 만든 것은 보석과 돈이었습니다. 그것만 있으면 웃으며 즐겁게 살 수 있을까요? 이야기는 마치 물질이 행복의 절대 조건인 것처럼 말합니다. 이런 점은 아이에게 말해주는 게 좋겠습니다.

😊💬 "잭과 엄마처럼 돈만 많으면 행복해질까? 돈이 집에 넘쳐도 불행한 가족은 아주 많단다. 아빠 생각에는 서로 배려하고 사랑해야 가족이 행복해질 것 같다."

😊💬 "네 생각도 궁금하구나. 행복을 위해서 또 뭐가 필요할까? 넌 뭐가 있으면 행복해질 것 같니? 어떡하면 더 기쁘게 지낼 것 같아?"

《헨젤과 그레텔》에도 문제가 있습니다. 아이들은 과자로 만든 집을 뜯어먹었습니다. 남의 집인데 허락도 없이 말입니다. 배가 고파서 어쩔 수 없기는 했어요. 그러면 애써 과자집을 지었을 마녀에게 사과를 해야 옳은 게 아닐까요? "마녀 할머니, 죄송해요. 저희가 배가 너무 고파 집을 뜯어먹고 말았어요. 어떻게 하든 저희가 갚을게요"라고요. 그랬다면 마녀가 헨젤과 그레텔을 잡아먹으려 하지 않았을 것이고, 어쩌면 과자를 더 내놓았을지도 모릅니다. 이런 점에 대해서는 아이에게 이렇게 질문할 수 있겠죠.

> 😊💬 "《헨젤과 그레텔》은 아주 재미있는 이야기다. 장점이 아주 많아. 길에 놓아둔 빵조각을 새들이 먹을 때는 안타까웠어. 마녀에게 잡아먹힐 뻔한 순간에 엄마 마음도 졸아들었어. 그런데 작은 단점도 있는 것 같다. 아이들이 잘못한 것도 있지 않니? 남의 집을 맘대로 먹어버린 건 그른 행동이 아닐까?"

물론 이 질문 때문에 아이들의 소중한 동심이 파괴될 수도 있어요. 꼬투리를 잡는 것처럼 보일 수도 있겠고요. 그러나 감동만으로는 아이를 바르게 키울 수 없습니다. 문제를 발견하고 그것에 대한 생각을 똑 부러지게 표현하게 하려면 이야기의 허점을 찾도록 가르쳐야 합니다.

헨젤과 그레텔의 아빠도 문제가 많은 캐릭터입니다.

> 😊💬 "이야기 속 아빠는 어떤 것 같니? 좋은 아빠일까 아닐까? 내 생

각에는 그 아빠가 무책임한 것 같다. 먹을 게 없다고 아이들을 버리면 되겠어? 적은 음식도 나눠 먹으면 되지. 돌아온 아이들에게 '아빠가 잘못했어'라고 사과를 했어야 맞아."

그러니까《헨젤과 그레텔》은 아주 재미있는 이야기이지만 꼭 필요한 두 번의 사과가 빠져 있다는 것이 문제입니다.

이야기의 장점과 함께 단점을 찾으라고 하면 아이는 책을 대하는 태도가 바뀝니다. 책과 동등한 높이로 올라섭니다. 또 내용을 단순히 흡수만 하지 않고 비판적으로 살피는 자세를 갖게 될 것입니다.

아울러 생각이 넓어집니다. 위의 예들을 보세요. 단점이나 꼬투리만 잡은 게 아니라 도덕규범, 돈, 행복, 사과, 책임과 같은 중요한 개념들을 많이 거론했습니다.

질문의 예를 더 소개하겠습니다.

- 😊💬 "이 책의 장점 세 가지와 단점 한 가지를 말해볼 수 있겠니?"
- 😊💬 "이 책에서 이상한 것 없어? 등장인물이 왜 그런 행동을 했는지 납득할 수 없는 것 말이야."
- 😊💬 "작가 선생님이 잘못 생각하신 건 없을까?"

3 이야기에서 재미있는 것과 지루한 것을 찾는다

"이 책에서 어디가 가장 재미있니?"

책 읽는 동안 넋을 놓지 말아야 합니다. 뇌가 활발히 활동해야 하죠. 이를테면 '와, 이건 재미있다', '이건 이상하네', '여기는 정말 지루하다'와 같은 생각이 책 읽는 중간중간 떠올라야 하는 겁니다. 물론 다 읽은 후에 이런 생각이 떠올라도 좋습니다. 페이지를 거꾸로 넘기면서 어디가 재미있고 아닌지를 찾고 평가하면 책이 내 것이 됩니다.

처음부터 그렇게 할 수 있는 아이는 적습니다. 그렇게 되도록 부모가 질문하고 아이가 답하는 과정을 반복해야 합니다. 이렇게 물어보면 됩니다.

😊💬 "이 책에서 가장 재미있는 건 뭐야? 어디가 제일 지루했어?"

😊💬 "클라이맥스, 즉 절정, 그러니까 가장 긴장되는 대목은 어디인

것 같니?"

😊💬 "게임 생각을 까맣게 잊게 만든 부분이 있니?"

"이 책이 재미있었니?"와 같이 총평을 묻는 것만으로는 부족합니다. 어디가 재미있고 어느 부분은 싱거웠는지 구체적으로 물어야 아이의 독서 경험이 입체적이게 됩니다.

평가 범위를 좁히는 방법도 있습니다. 단락이나 장에 대해서 말하는 게 아니라, 짧은 문장이나 단어를 찾아서 평가하도록 질문하는 것입니다.

😊💬 "이 책에서 발견한 가장 기발한 표현은 뭐니?"

😊💬 "이 책에서 가장 웃기는 낱말은 뭐야? 콧구멍? 발가락? 듣기만 해도 웃음이 나네."

😊💬 "이 책에서 너무도 아름다운 낱말은 뭐라고 생각하니?"

😊💬 "이 책에서 제일 어려운 낱말은 어느 것이지? '목숨앗이'는 어렵지 않니? 무당벌레가 진딧물의 목숨앗이라고 하네. 목숨앗이는 '천적'과 같은 말이야."

위와 같은 질문을 들은 아이는 단어나 표현을 흘려 읽지 않고, 하나하나 말맛을 느끼며 낱말을 읽는 섬세한 독서가가 됩니다.

영화를 보거나 일상생활을 하면서도 이런 질문을 할 수 있습니다.

☺💬 "이 영화에서 재미있는 부분이 뭐였어?"

☺💬 "엄마 아빠가 한 말 중에서 가장 지루한 대목은?"

☺💬 "오늘 하루 중에서 제일 재미있었던 일과 지루했던 일은 뭐니?"

영화, 대화, 하루 일과를 평가하도록 이끄는 질문입니다.

책장 앞에서도 비슷한 대화가 가능해요. 책 한 권이 아니라 모든 책을 두고서 종합 평가를 하는 것입니다.

☺💬 "너의 책 읽기 인생에서 가장 재미있었던 책은? 또 견딜 수 없이 지루해서 잊지 못할 책은?"

☺💬 "야단 맞거나 잔소리 때문에 속상할 때 읽으면 좋을 책은 뭐니?"

☺💬 "좋은 기분을 더 좋게 만들어주는 책은?"

☺💬 "놀라운 지식을 많이 알려줬던 책은 뭐가 있니?"

☺💬 "엄마 아빠에게 권하고 싶은 책을 하나 말해줘."

다시 말하지만 아이가 읽은 책에 대해 "이 책이 재미있었니?"라고 질문하는 건 아이의 게으른 사고를 자극하기 어렵습니다. 아이는 건성으로 "예"라고 답하고 말겠죠. 반면 "이 책에서 가장 놀란 것과 실망한 것을 꼽을 수 있겠니?" 식의 구체적인 질문은 아이의 사고를 급발진시킬 수 있습니다. 부모의 질문이 자녀의 생각을 움직입니다.

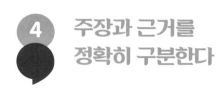

4 주장과 근거를 정확히 구분한다

"왜 투명인간이 되고 싶니?"

아이들이 읽는 대부분의 글이 주장과 근거로 이루어져 있습니다. 주장은 보통 단락의 첫 부분에 오고, 근거는 '왜냐하면~' 다음에 따라옵니다. '우리는 예의 바르게 행동해야 한다. 왜냐하면~', '등장인물의 마음을 상상하면서 책을 읽는 것이 좋다. 왜냐하면~'처럼요.

그런데 주장과 근거를 구분하는 것이 그렇게 단순하지만은 않습니다. 주장이 단락 중간이나 끝에 있을 수 있고, '왜냐하면' 같은 지표어 없이 근거를 써놓은 글도 많기 때문입니다. 그래서 잘 보이지 않는 주장과 근거를 찾아내는 밝은 눈이 더더욱 아이들에게 필요합니다. 주장과 근거가 무엇인지 정확히 구분하는 능력이 없으면 문해력이 아주 낮아지고 맙니다.

글이 아니라 말하기를 통해서도 주장 및 근거 인식력을 높일 수 있어요. 이렇게 물어보면 됩니다.

- 😊💬 "네 주장의 근거는 뭐니? 왜 네 주장을 엄마가 받아들어야 하지?"
- 😊💬 "왜 그렇게 생각하는 거야? 네 생각과 이유를 정확히 말해줄래?"

　상황을 가정해보겠습니다. 아이가 숙제를 하다가 연필을 딱 내려놓고 말합니다. "이제 좀 쉬어야겠어요." 이 경우 부모의 반응은 크게 두 가지입니다.

(1) "안 돼. 숙제 다 끝낼 때까지 쉬면 안 돼."
(2) "왜 지금 쉬어야 하지? 이유가 뭐니?"

　(1)이 부모 입장에서는 편합니다. 아이의 요구를 눌러버리면 입도 아프지 않고 시끄럽지도 않습니다. 또 규율을 단호히 가르친다는 의미도 있습니다. 그런데 아이의 입장에서는 손실이 발생합니다. 의견을 묵살당하고, 주장을 펴고 근거를 제시하는 연습 기회를 박탈당합니다.

　피곤하더라도 가끔은 (2)처럼 묻는 것이 좋습니다. 아이가 쉬어야 한다는 주장을 했는데 그 이유 또는 근거가 무엇인지 말해달라고 요청하는 것입니다. 그러면 아이는 자신의 주장이 존중받았다는 생각에 기분이 좋아져서 이렇게 말할 수 있습니다.

"집중이 되지 않으니 10분 정도 쉬었다가 다시 공부하면 효율이 높아질 것 같아요. 휴식하고 나면 집중력이 다시 올라가거든요."

아이가 이렇게 대답한다면 부모가 박수 쳐야 합니다. 자기 주장을 설득력 있게 펴는 실력이면 아이는 문해력도 높아질 가능성이 충분합니다.

주장과 근거는 전 학년 국어 교과서에서도 중요한 개념인데요. 5학년 국어 교과서에는 '(주장의) 타당성을 생각하며 토론해요'라는 단원 제목이 있습니다. 어떤 주장이 타당한지는 어떻게 알 수 있을까요? 위에서 말했듯이 근거를 평가해야 합니다. 근거가 튼튼하면 주장이 타당한 것이고, 근거가 빈약하면 주장은 타당성을 잃습니다. 예를 들어보겠습니다.

아이: "엄마가 저를 매일 야단치는 건 옳지 않아요."

엄마: "왜? 야단치면 왜 안 되지?"

아이: "부모는 아이를 설득해야 해요. 야단은 아이에게 상처를 주니까 옳지 않아요."

아이는 주장을 했고 엄마는 주장의 근거, 즉 논거를 물었으며 아이는 그것을 또렷이 밝혔습니다. 이 정도 수준의 대화를 하는 아이는 설득력 있게 말하고 글을 쓰는 어른으로 자라게 될 것입니다.

아이: "친구가 나를 미워하는 게 분명해요."

아빠: "그래? 그렇게 생각하는 이유가 있니?"

아이: "친구가 제가 보낸 문자를 두 번이나 무시했어요. 나를 싫어하는 게 분명해요."

아빠: "나중에 문자를 한 번 더 보내고 판단하는 건 어떨까? 친구가 지금 바빠서 답장을 못 썼을 수도 있잖아."

이번에는 아이의 근거가 약했으며, 아빠가 그 사실을 지적했습니다. 아이는 설득력 있는 주장을 하려면 근거가 확실해야 한다는 걸 배우게 될 것입니다.

주장과 근거 말하기 연습은 독서 토론을 통해서도 할 수 있습니다.

☺💬 "《왕자와 거지》에서 왕자는 좋은 왕이 되었을 것 같다고? 왜 그렇게 생각해?"

☺💬 "《오즈의 마법사》가 아주 훌륭한 동화라고? 왜 그런지 이유를 말해볼래?"

왕자는 가난한 사람들의 삶을 직접 경험했으니까 백성을 위하는 왕이 되었을 거라고 주장할 수 있습니다. 또 《오즈의 마법사》에는 사자, 허수아비, 마법사 등 다양한 등장인물이 나오고 신기한 모험 이야기도 많으니 훌륭한 스토리라고 생각할 수 있겠죠.

좀 더 쉽고 흥미로운 질문을 통해 주장하는 능력을 길러줄 수도 있습니다.

😊💬 "동화의 주인공 중에서 누가 가장 멋있다고 생각해? 이유도 말해볼래?"

😊💬 "친구에게 꼭 추천하고 싶은 동화는? 왜 추천하고 싶어? 재미있어서? 좀 더 자세히 이야기해줘."

😊💬 "친구 중에서 외모가 가장 아름다운 아이는 누구야? 왜 그렇게 생각해? 그리고 어떤 외모가 아름답다고 생각하니? 큰 눈? 오똑한 코? 마른 몸?"

😊💬 "아이돌 중에서 내면이 가장 아름다운 건 누구라고 생각해? 그 이유는 뭐야? 너무 어렵다고? 배려심, 긍정하는 마음, 성실함, 끈기, 유머 감각이 내면을 아름답게 한단다."

비현실적인 환상 질문은 아이들의 관심을 끌 수 있습니다.

😊💬 "원하는 대로 될 수 있다면, 투명인간과 시간여행자 중에서 어느 쪽을 택하는 게 나을까? 투명인간이 낫다고? 왜? 시간여행자처럼 과거와 미래를 마음대로 오가는 것보다 다른 사람들 눈에 안 보이는 게 좋아? 왜 그렇지?"

😊💬 "반려동물로 유니콘이나 용을 기르면 어떨까? 아주 좋을 것 같

다고? 왜지?"

🙂💬 "네가 신이 되는 거야. 그래서 이 세상에서 딱 하나를 없애고 싶어. 학원, 잔소리, 채소 반찬, 수학, 등교, 월요일 등 뭐든 사라지게 할 수 있는 거야. 무엇을 왜 없애야 한다고 생각하니?"

결론은 간단합니다. "너의 주장과 이유가 무엇이니?"라는 질문을 자주 해야 한다는 것입니다. 아이의 대답에서 핵심이 주장입니다. 이유(또는 근거)는 주장을 뒷받침합니다. 그렇게 주장과 이유를 구별하는 아이는 책을 읽으면서도 문장과 단락을 평가하게 될 것입니다. 이것이 중요한 주장인지 아닌지 무게를 측정하게 되는 것이죠. 그런 독서 태도가 문해력을 높인다는 건 두말할 나위가 없겠습니다.

출처와 진위 확인으로
정보의 신뢰도를 평가한다

"그걸 어디서 들었니?"

온갖 정보가 폭주하는 요즘, 가짜 정보와 해로운 정보에서 아이를 보호하는 일이 무척 중요해졌습니다. 수많은 정보 속에서 살아갈 아이를 위해 꼭 필요한 부모의 질문이 있습니다.

(1) "그 이야기를 어디서 들었니?"
(2) "정보 출처는 믿을 만하니?"

이러한 질문에는 요구가 들어 있죠. 정보의 정확도나 신뢰도를 스스로 평가해보라는 요구입니다. 많은 부모가 위처럼 질문하지 못합니다. 대신 면박을 주는 경우가 많죠.

예를 들어, 아이가 걱정스러운 표정으로 "2028년에 큰 운석이 지구에 떨어진대요. 인류는 공룡처럼 멸종할지도 몰라요"라고 말하면 뭐라고 대응해야 할까요?

(1) "터무니없는 소리야. 그런 말은 믿지도 마."
(2) "어디서 그런 말을 들었니? 출처가 신뢰할 만하다고 생각하니?"

(1)은 아이에게 면박을 주고 있습니다. (2)가 나은 반응입니다. 정보의 신뢰도를 먼저 평가하라고 가르치고 있습니다.

정보의 출처는 많습니다. 친구, SNS, 가십성 매체, 전문가, 주요 언론사 등이 정보를 생산하고 유통하는데, 아시다시피 정보 출처마다 신뢰도 수준이 다릅니다. 그중에서 주요 언론사나 전문가는 믿을 만한 정보를 주지만, 또래 친구의 주장이나 SNS 내용은 무조건 신뢰해서는 안 된다는 걸 자녀에게 가르쳐줘야 합니다. 정보의 출처만 따져도 정보의 신뢰도를 알아낼 수 있다는 걸 알려주려면 이렇게 물어보면 되겠죠?

💬 "2028년에 지구에 거대 운석이 떨어진다는 걸 어디에서 들었니? 전문가의 말이면 사실일 거고, 유튜브에서 봤다면 거짓일 가능성이 높아. 정보가 나온 곳, 즉 정보 출처를 알면 정보의 신

뢰성을 짐작할 수 있단다."

만약 아이가 "코끼리는 한 번 본 걸 평생 잊지 않는다고 해요"라고 말할 경우 부모가 "말도 안 되는 소리 마!"라고 답하면 안 됩니다. 진위 확인을 위해서 함께 관련 정보를 검색하는 게 좋습니다.

> "코끼리는 한 번 본 것을 영원히 잊지 않는다고? 어디를 찾아봐야 할까? 좋아! 인터넷 검색을 해보자. 그런데 이 사이트는 신뢰할 만하니? 이 사이트는 과학 잡지 사이트니까 믿어도 될 것 같다."

신뢰해도 좋은 인터넷 사이트를 알면 더 정확한 정보를 검색할 수 있습니다. 해당 분야의 전문가를 알아도 정보 평가 능력이 높아집니다. 예를 들어서 이렇게 말할 수 있겠죠.

> "사람의 뇌에 대해서 알고 싶다고? 어떤 책을 읽어야 할까? 뇌 분야의 전문가는 정○○ 박사님과 최□□ 박사님이야. 그 분들이 쓴 어린이 책을 읽어보면 좋겠다."

믿어도 될 물리학 전문가, 천문학 전문가, 고생물학 전문가 등의 이름을 기억해두면 신뢰성 높은 정보를 얻을 수 있습니다.

그런데 요즘에는 미디어 리터러시(media literacy) 교육도 중요해졌습니다. 연예 뉴스가 홍수를 이루고 있어서입니다. 미디어 리터러시는 대중 매체의 정보를 분석 평가하는 능력입니다. TV, 언론, 인터넷 등 각종 대중 매체에서 쏟아지는 정보를 무작정 받아들이지 않고 진위를 비판적으로 분석하고 평가하는 게 옳습니다.

상황을 가정해볼게요. 아이가 급히 뛰어 들어와서 말합니다.

"엄마, 아이돌 A와 아이돌 B가 사귄대요. 벌써 1년이 넘었대요. TV에서 봤어요."

이때 부모는 두 가지 질문을 할 수 있습니다.

(1) "그 TV 채널 믿을 만하니? 사실이 아닌데도 시청자의 주목을 끌려고 보도를 한 것은 아닐까?"

(2) "사실이라고 해도 그게 중요한 문제니?"

제 경험으로는 이 2가지 질문만 해도 부족하지 않습니다. (1)은 정보 출처의 신뢰도를 먼저 평가해볼 것을 요구합니다. (2)는 그 정보가 사실이라고 해도 주목할 만한 가치가 있는지를 생각해보라고 권합니다. 연예인의 사생활에 너무 관심을 갖는 것은 좋지 않다고 어릴 때부터 강조하는 게 좋겠습니다.

정보의 홍수 속에 살면서 정보 출처의 신뢰도와 정보의 가치를 평가하는 일은 정보의 격랑에 휩쓸리지 않는 지혜를 줍니다.

6 잘잘못 평가로 잘못된 선택을 줄인다

"너라면 무엇을 선택하겠니?"

책이나 영화의 주인공들은 잘잘못을 저지릅니다. 성격에 장단점도 있죠. 그런 양면을 균형 있게 평가하는 아이로 키우려면 적절한 질문을 던지면 됩니다.

먼저, 잘못과 단점부터 이야기해보겠습니다. 이야기의 등장인물들은 잘못을 저지르는 경우가 아주 많죠. 예를 들어 심청은 자신의 생명이 아버지의 시력보다 가치 없다고 판단하고는 바다로 뛰어들었습니다. 피노키오는 등교보다 서커스 구경을 더 소중하다고 판단했기 때문에 큰 곤란에 빠집니다. 피리 부는 사나이에게 쥐떼 퇴치를 의뢰했던 마을 사람들은 약속을 어겼다가 사랑하는 자녀를 잃게 됩니다.

등장인물들이 어떤 잘못을 했는지 아이에게 질문해보세요.

😊 "네가 피리 부는 남자를 고용한 마을의 시장이라면 어떻게 하겠니? 돈과 약속 중에서 어떤 걸 중요하게 여겨야 할까?"

😊 "심청이 바다로 뛰어든 게 왜 잘못인지 잘 알고 있지? 짧게 이야기해볼래?"

😊 "백설공주의 가장 큰 실수는 뭘까? 모르는 사람이 준 사과를 덥석 베어 문 것이 잘못이지 않을까? 백설공주는 식탐, 즉 먹고 싶은 욕구를 이기지 못했어. 식탐과 안전 중에서 식탐을 선택했던 거야. 너라면 모르는 사람이 주는 음식을 먹겠니? 백설공주가 모르는 사람을 지나치게 신뢰한 건 문제야. 그렇지 않니?"

이런 질문들은 아이가 살아가면서 잘못된 선택을 할 확률을 줄여줄 것입니다. 비슷한 질문을 거실에서 TV를 보다가 불쑥 꺼낼 수도 있죠.

😊 "드라마 주인공은 비난을 피하려고 거짓말을 했어. 저런 행동이 옳을까? 너 같으면 어떻게 할래? 용기 있게 솔직히 말할 수 있을까?"

😊 "친구들을 괴롭힌 아이가 어떻게 됐는지 오늘 뉴스에서 봤지? 폭력이 왜 나쁜 행동인지 말할 수 있겠니? 그래 맞아. 남의 물건을 빼앗는 것은 범죄야. 또 친구의 자유와 인권을 침해하는 행동도 절대 옳지 않아."

반대 이야기도 가능합니다. 즉 이야기 속 주인공의 잘한 점과 긍정적 면모에 대해서 질문하고 대화하는 것도 아주 좋습니다.

> 😊💬 "심청의 장점은 뭘까? 자기 아빠를 사랑하는 마음은 칭찬해도 되지 않을까? 사랑의 방법은 잘못됐지만 사랑하는 진심은 감동적이라고 엄마는 생각해."

> 😊💬 "백설공주의 장점은 뭐라고 생각해? 피부가 눈처럼 하얀 게 장점이라고? 그것도 장점인데, 마음까지 하얀 눈을 닮은 것도 장점이야. 백설공주는 자기 욕심 때문에 남을 해치지 않아. 또 난쟁이 등 많은 사람에게 친절해. 박수를 보내야 하지 않을까?"

교과서나 TV 드라마에 등장하는 인물도 대화의 소재로 삼으면 아이가 친숙하게 느낄 테니 더욱 좋습니다.

> 😊💬 "4학년 국어 교과서에 김만덕 할머니 이야기가 나와. 혹시 그 이야기를 알고 있니? 김만덕 할머니는 조선시대 제주도의 거상이었어. 거상은 장사를 크게 한 사람이라는 뜻이야. 그런데 흉년이 들어서 제주도 주민들이 굶주리자 김만덕 할머니는 자기 재산으로 육지에서 쌀을 구입해서 제주도 주민들을 살렸지. 김만덕 할머니에게는 돈보다 생명이 더 귀했던 거야. 보통 사람이면 그런 희생을 선택하기 힘들 거야. 네가 김만덕 할머니라면 어떻게 할 것 같니?"

😊💬 "드라마 주인공은 펜싱 국가대표 선수가 되려고 새벽부터 밤늦게까지 홀로 훈련을 했어. 편안한 휴식을 포기하고 고된 훈련을 선택한 것이지. 꿈이 무엇보다 중요했기 때문이야. 너에게도 그렇게 소중한 꿈이 있니?"

이야기 밖으로 나와서 현실 인물들의 장단점을 평가하는 것도 재미있을 겁니다. 그런데 "너의 장단점은 뭐라고 생각하니?"라는 질문은 좀 식상하죠. "아빠의 장단점이 뭐니?"도 얼마든지 괜찮지만 너무 흔해서 지루한 질문입니다. 인물의 범위를 확 키운 질문이 훨씬 재미있습니다.

😊💬 "세종대왕에게는 실수가 없었을까? 자식을 잘못 길렀다고 할 수 있어. 둘째 아들이 세조인데, 세조는 왕이 되기 위해서 형제와 어린 조카까지 죽였어. 저승에서 이런 비극을 지켜본 세종대왕은 얼마나 많이 눈물을 흘렸을까. 세종대왕이 자녀 교육까지 성공하지는 못한 것 같다. 네 생각은 어때? 잘 모르겠다고? 단종에 대한 이 책을 읽어봐."

😊💬 "우리나라 대통령의 장단점은 뭐라고 생각하니? 누구나 장단점을 갖고 있어. 네가 알고 있는 만큼만 말하면 돼. 아니면 교장 선생님의 장단점에 대해서 말해볼래? 오늘 이야기는 목에 칼이 들어와도 비밀을 지켜줄 테니 누설 걱정은 말고."

"인류의 장단점에 대해서 생각해봤니? 지능이 높고 창의적인 것은 장점이겠지. 그래서 과학 기술을 발전시키고 아름다운 도시를 세울 수 있었어. 그런데 단점도 있지. 욕심이 지나쳐. 사자는 배부르면 더 이상 동물을 잡아먹지 않지만 사람은 달라. 끝도 없이 욕심을 부려서 혼자만 부자가 되려는 사람들이 적지 않지. 또 잔인한 전쟁도 멈추지 않아. 이렇게 인류에게도 장단점이 있어."

물론 쉽게 답할 수 있는 질문이 아닙니다. 그러나 제가 여러 번 강조하듯이, 답할 수 없는 질문도 가치가 있습니다. 까다로운 질문을 들은 아이는 자신이 모르는 지적 세계가 있다는 걸 알게 될 것입니다. 새로운 질문이 아이에게 새 세상을 열어 보입니다.

지식을 연결해 새로운 지식을 쌓는다

"이순신 장군도 거짓말을 한 것일까?"

앞서 말한 어휘력의 중요성만큼이나 사전지식의 가치 또한 막대합니다. 사전지식이 IQ보다 더 중요하다고 주장하는 학자도 있을 정도입니다. 뉴질랜드 오클랜드대학교의 존 해티 교수는 저서 《가시적 학습과 학습법의 과학(Visible Learning and the Science of How We Learn)》에서 이렇게 단언합니다.

'지식 습득의 중요한 결정 요인은 이미 아는 지식이다. (중략) 기존 정보와 연결할 수 없는 새로운 정보는 빠르게 사라진다. 학습 능력 면에서 사전지식 효과의 영향력은 다른 어떤 것보다 강력하다. 사전지식의 효과가 IQ 효과를 간단히 압도할 정도다.'

IQ가 좀 낮더라도 사전지식이 많으면 학습의 어려움이 크지 않습니다. 더 나아가, 새로운 지식과 연결할 사전지식이 풍부한 아이는 공부가 쉬워집니다.

예를 들어 4학년 국어 교과서에 정약용의 거중기 이야기가 나옵니다. 거중기는 낯설지만 도르래의 원리를 이미 아는 아이는 쉽게 그 내용을 이해할 수 있습니다. 또 3학년 과학 교과서에는 바닷물의 침식작용과 퇴적작용이 설명되어 있는데, 바닷가 절벽이나 갯벌에서 이를 직접 보고 관련 책을 읽은 아이에게는 아주 쉬운 이야기가 됩니다.

이렇듯 새로운 지식과 사전지식의 연결이 학습 효율을 크게 높이는데, 부모가 평소 이렇게 질문하면 아이가 새로운 지식과 사전지식을 연결하는 능력을 키울 수 있습니다.

- "이 책과 비슷한 내용의 책이 뭐였지?"
- "이 영화의 주인공과 비슷한 등장인물이 나오는 영화나 동화는 없니?"
- "잔다르크 이야기를 읽으니 떠오르는 사람이 없니? 엄마는 유관순 열사가 떠올라서 눈물이 났어."
- "부력을 배우니 무엇이 생각나니? 지난번 배운 양력을 기억하지? 나무는 부력 때문에 물에 뜨고, 비행기는 양력 때문에 날아오르는 거야."
- "오징어는 다리가 10개야. 저절로 문어가 연상되지? 맞아, 문어 다리는 8개야. 그러면 지난번 먹었던 꼴뚜기와 낙지는? 각각 다리가 10개와 8개란다. 그러면 곤충은 다리가 몇 개야? 맞아, 6개

야. 거미 다리는 8개고. 알고 보니 문어, 낙지, 거미는 뜻밖의 공통점이 있네. 이렇게 묶어서 생각하면 잊지 않을 거야."

새로운 지식을 배울 때마다 이미 아는 지식과 열심히 적극적으로 연결하는 겁니다. 그러면 지식이 빠르게 늘고 기억이 오래 지속될 것이 분명합니다.

한 발 더 나아가는 것도 좋겠습니다. 비교 평가를 하는 것입니다. 단순 비교에 머물지 않고, 비교한 후에 중요성이나 옳고 그름을 평가하는 것입니다. 예를 들어볼게요.

☺💬 "오늘 책에서 본 행복한 왕자와 정반대인 사람도 있지 않니? 그렇지. 《크리스마스 캐럴》의 주인공 스크루지는 이기적인 구두쇠야. 《베니스의 상인》의 샤일록도 돈만 아는 무자비한 사람이지. 그런 사람에 대해서 어떻게 생각해? 틀려도 괜찮아. 자신 있게 이야기해봐."

위의 질문에서는 새로운 지식을 기존 지식에 연결시켰습니다. 덕분에 아이의 머릿속 지식 체계가 풍성하고 확고해질 것입니다. 나아가서 평가까지 시도한다면 아이의 비판적 사고력과 논리적 표현력이 좋아질 겁니다.

😊💬 "여길 봐. 이순신 장군은 숨지기 직전에 '나의 죽음을 알리지 말라'고 말했다네. 그런데 사실을 숨기는 거니까 그것도 일종의 거짓말일까? 아니라고? 그러면《양치기 소년》에서 주인공이 거짓말한 것과는 어떻게 달라? 네 의견을 말해줘."

양치기 소년은 선량한 사람들에게 피해를 줬지만, 이순신 장군은 선량한 백성을 돕기 위해 사실을 숨겼습니다. 만일 이순신 장군의 죽음이 알려졌다면 아군의 사기가 떨어져서 전쟁에서 패했을지도 모르고, 그러면 백성들도 큰 피해를 입었을 것입니다. 그런 점에서 이순신 장군의 유언은 나쁜 거짓말이 아니라 현명한 작전 명령이라고 평가할 수 있겠습니다.

자본이 많으면 부를 추가로 쌓는 게 쉽듯이, 사전지식이 많으면 새로운 지식을 쉽게 쌓을 수 있습니다. 풍부한 사전지식은 비판 및 평가 능력도 높여줍니다. 그런데 사전지식의 양이 전부가 아닙니다. 활용 능력도 중요하죠. 새로운 지식을 자신의 기존 지식과 연결하는 습관이 갖춰지면 지식은 눈덩이처럼 불어납니다. 부모의 계획적이고 전략적인 질문이 도움을 줄 수 있습니다.

8 사랑과 돈의 행복 효과를 비교 평가한다

"신데렐라와 엄지공주는 어떤 점이 비슷하지?"

어떻게 하면 우리 아이들이 행복해질까요? 행복을 위해서는 물질적 조건, 인간 관계, 안정된 마음 등이 필요할 겁니다. 또 있죠. 건강한 가치관도 행복의 중요 조건입니다. 무엇이 행복인지 자주 대화하면 행복 가치관이 정립될 수 있습니다.

제 생각에는 행복에 관한 대화에서 중요한 2가지 주제가 있습니다. 사랑과 돈입니다. 거의 예외 없이 동화의 주인공들은 사랑과 돈 덕분에 행복해지니까요. 예를 들어 신데렐라는 왕자와 사랑에 빠지면서 행복해졌고, 흥부는 금은보화를 얻어 행복해집니다. 대다수 동화에서 사랑과 돈이 행복의 조건으로 그려지고 있으니, 그 2가지의 행복 효과를 평가하는 게 꼭 필요하다고 볼 수 있습니다.

먼저, 사랑 이야기부터 해보겠습니다. 여자 주인공이 왕자와 사랑에 빠지는 설정이 너무 흔하다는 데는 아이들도 적극 동의할 것입니다.

> 😊💬 "신데렐라와 엄지공주는 어떤 점이 비슷하지? 둘 다 왕자와 결혼했다는 점이 같아. 그런데 왕자와 결혼한 동화의 주인공은 많아. 백설공주, 인어공주, 미녀(벨)가 그렇지. 그런 동화들은 부자이고 지위가 높은 왕자와 결혼해야만 행복할 것처럼 이야기해. 그런데 그게 옳을까? 보통 사람들끼리 사랑하는 것도 행복하지 않을까? 엄마 아빠도 공주와 왕자는 아니지만 아주 행복하거든."

아이들이 읽는 동화에는 왕자가 너무 자주 나옵니다. 그것도 잘생긴 왕자들입니다. 부자에 사회적 지위가 높고 외모까지 수려해서 나쁠 것은 없죠. 하지만 백마 탄 왕자는 환상입니다. 현실엔 없는 꿈일 뿐이죠. 아이가 비현실적 환상에서 벗어나야 할 나이가 되었다면 그런 왕자 이야기를 비판적으로 평가하는 관점을 길러줄 필요가 있습니다.

그건 생각보다 어렵지 않습니다. 설정이 정반대인 이야기도 많으니까요.

> 😊💬 "너는 어떤 만화 영화가 최고라고 생각하니? 엄마는 애니메이션 〈겨울왕국〉과 〈라푼젤〉이 최고야. 〈겨울왕국〉에서는 안나

공주가 왕자가 아니라 얼음장수 크리스토프와 사랑에 빠지잖아. 또 〈라푼젤〉에서도 왕족인 라푼젤이 떠돌이 플린 라이더와 가까워져. 왕자가 나오는 이야기는 너무 흔해서 지루해. 반면에 〈겨울왕국〉과 〈라푼젤〉에는 잘생긴 왕자가 없어서 새롭고 재미가 있다고 엄마는 생각해. 네 생각은 어때?"

부모가 최고로 평가하는 이야기를 들려주기만 해도 아이는 저절로 생각하게 될 것입니다. 사랑 이야기를 비판적으로 비교하고, 《신데렐라》와 《백설공주》를 다른 관점에서 보기 시작할 겁니다. 부모의 질문과 설명이 아이의 마음에 큰 변화를 일으킬 것입니다.

사랑 이야기를 들려준 뒤에 평가 질문을 덧붙일 수 있습니다.

- 😊💬 "동화에 나오는 가장 아름다운 사랑 이야기는 어떤 거야? 아무거나 말해봐."
- 😊💬 "가장 마음 아픈 사랑 이야기는 뭐니? 《로미오와 줄리엣》도 슬프지. 그런데 자주 만날 수 없는 《견우와 직녀》도 슬픈 사랑을 하고 있는 게 아닐까?"

동화에서는 돈도 행복에 이르는 길로 제시됩니다. 주인공이 부자가 되어서 행복해지는 결말이 많죠. 이런 이야기 흐름을 당연하게 생각할 것이 아니라 돈, 즉 재산이 주는 행복 효과에 대해 아이와 대화해야 합니다.

> 😊💬 "《알리바바와 40명의 도둑》과 《흥부 놀부》가 공통점이 있다는
> 거 아니? 주인공이 부자가 된다는 거야. 알리바바는 도둑들의
> 보석을 훔쳐서 부자가 되고, 흥부는 박에서 금은보화가 쏟아져
> 서 부자가 되지. 또 다른 예도 있어. 《장화 신은 고양이》의 주인
> 공도 부자가 되어 행복해져. 그런데 부자가 되어야만 행복할까?
> 재산이 많지 않고 크지 않은 집에 살아도 행복할 수 있지 않을
> 까? 우리 가족처럼 말이야."

주인공이 부자가 되어서 행복하게 살았다는 설정이 동화에서도
지나치게 흔한데, 위와 같이 지적해주면 자녀가 분석적이고 비판적
인 시각을 갖게 될 것입니다. 아울러 평가까지 해주면 더 좋겠죠. 비
교 대상이 될 이야기도 많으니 어렵지 않게 대화할 수 있습니다.

> 😊💬 "《로빈 후드》와 《홍길동》의 공통점은 무엇일까? 그렇지. 의적이
> 라는 점에서 같아. 나쁜 사람들의 돈을 빼앗아서 가난한 사람들
> 을 도운 거야. 물론 실제로 그래서는 안 돼. 불법 행위이니까. 다
> 만 두 인물 모두 대단한 점이 있어. 갖지 않고 나누는 삶을 살았
> 던 거야. 이런 점이 아빠뿐만 아니라 많은 사람이 로빈 후드와
> 홍길동을 좋아하는 이유일 거야. 아빠는 두 이야기가 아주 좋아.

훌륭하다고 생각해. 네 생각은 어떠니?"

사람마다 행복의 기준이 다르니 누구나 자기만의 행복관이 필요합니다. 행복해지는 방법도 사람마다 다르겠죠. 아이에게 행복과 불행에 대해 질문을 많이 해보세요. 아이가 자신만의 행복에 이르는 길이 있다는 걸 알게 될 것입니다.

😊💬 "행복해지려면 가장 필요한 것이 무엇이라고 생각해? 사랑하는 가족? 좋아하는 친구? 귀여운 강아지? 재미있는 책? 신나는 유튜브와 SNS? 이성 친구?"

😊💬 "불행해지지 않으려면 어떻게 해야 할까? 그렇지. 놀부처럼 욕심을 부리지 않아야지. 남을 해칠 생각도 말아야 해. 그리고《아기 돼지 삼형제》의 형들처럼 게을러서도 안 되고 말이야. 또 다른 게 뭐가 있을까?"

9 정당성 질문이 가치관을 세우고 주장을 선명히 한다

"그것이 왜 옳다고 생각하니?"

아이들은 "왜"라는 질문을 멈추지 않는데, "왜"라고 묻는 질문은 한 종류가 아닙니다. 심리학자 장 피아제(Jean Piaget)가 설명하기로는 3가지로 나뉩니다.

(1) 물리적 인과관계에 대한 질문: 어떤 사건의 원인을 묻는다.

(2) 심리적 동기에 대한 질문: 왜 그런 행동이나 말을 했는지 묻는다.

(3) 규범적 정당성에 대한 질문: 어떤 행위에 대해 왜 옳거나 그른지 묻는다.

무슨 말인지 알아듣기 어렵죠? 각 질문 유형에 해당하는 예를 보면 쉽게 이해할 수 있습니다.

😊💬 "저녁이면 태양은 왜 사라지나요?" (물리적 인과관계에 대한 질문)

😊💬 "엄마는 왜 나를 야단쳤나요?" (심리적 동기에 대한 질문)

😊💬 "개는 왜 그런 행동을 했을까요? 그래도 되나요?" (규범적 정당성에 대한 질문)

또 예를 들어볼까요?

😊💬 "바람은 왜 부나요?" (물리적 인과관계에 대한 질문)

😊💬 "아빠는 왜 화가 났나요?" (심리적 동기에 대한 질문)

😊💬 "친구를 놀리는 건 왜 나쁜 행동인가요?" (규범적 정당성에 대한 질문)

이와 같은 방식으로 아이에게 질문해보세요. 질문을 다양화할 수 있어서 좋습니다. 예를 들어《잠자는 숲속의 공주》를 읽은 후에도 3가지 질문을 던지면 됩니다.

😊💬 "바늘에 손가락이 쬐끔 찔렸다고 픽 쓰러진 이유는 뭘까? 100년 동안 잠잔 공주는 배가 고프지 않았을까? 꾹 참았거나 잠자느라 못 느낀 걸까? 키스가 어떻게 마법을 풀었을까?" (물리적 인과관계에 대한 질문)

😊💬 "여덟 번째 요정은 공주가 바늘에 손가락이 찔려서 죽을 거라고

저주했어. 왜 그랬을까? 초대받지 못해서 화가 났기 때문일까? 왕자는 왜 알지도 못하는 공주를 구하려고 위험을 무릅쓰고 나섰을까?"(심리적 동기에 대한 질문)

😊💬 "왕자가 100년 후 찾아와 공주에게 키스를 했어. 그러자 공주는 잠에서 깨어났지. 그런데 모르는 사람에게 키스한 왕자는 정당화될 수 있을까? 옳다면 왜 옳은 거지? 그리고 여덟 번째 요정처럼 남을 미워하고 저주하는 건 옳을까?"(규범적 정당성에 대한 질문)

《양치기 소년》을 읽고도 두 종류의 "왜" 질문이 가능합니다.

😊💬 "양치기 소년은 왜 거짓말을 했을까? 재미있어서? 관심받는 게 좋아서?"(심리적 동기에 대한 질문)

😊💬 "거짓말은 왜 나쁠까? 주변 사람들에게 어떤 피해를 줄까? 거짓말을 한 본인이 입는 피해는 또 뭘까?"(규범적 정당성에 대한 질문)

《곰돌이 푸》를 재미있게 읽은 아이에게 세 종류의 질문을 할 수 있죠.

😊💬 "곰돌이 푸는 왜 배가 불룩 나왔을까? 푸는 왜 자꾸 배가 고플

까?"(물리적 인과관계에 대한 질문)

- 😊💬 "친구들은 왜 푸를 좋아할까? 항상 다정하고 재미있기 때문이 아닐까?"(심리적 동기에 대한 질문)
- 😊💬 "책에서 한 아이가 계단을 오르내리면서 곰인형을 끌고 다녀. 기운이 없어서 그랬겠지만 그게 옳을까? 인형이 아프지 않을까?"(규범적 정당성에 대한 질문)

그런데 아이들은 질문 편식을 합니다. 위 세 유형의 질문 중에서 물리적 인과관계와 심리적 동기에 대한 질문을 자주 하고, 규범적 정당성 질문은 많이 하지 않습니다. 물론 "이게 옳을까? 옳다면 왜 그렇지?"라는 규범적 정당성 질문은 묻기도 어렵고 답하기도 까다롭습니다. 그런데 어렵다는 건 달리 말해서 그만큼 지적이고 수준 높은 문답이라는 뜻이 됩니다. 시도해볼 가치가 충분합니다.

규범적 정당성에 관한 질문을 던지면 아이의 가치관이 분명해지고 주장도 선명해질 것입니다. 아래와 같이 질문해보면 어떨까요?

- 😊💬 "《빨간 구두》에서 소녀 카렌은 길에서 주운 빨간 구두를 자신이 신어도 된다고 고집 부렸어. 그게 정당한 생각일까?"
- 😊💬 "《호랑이 형님》에서 호랑이는 한 남자가 자기 동생이라고 생각해. 그 남자가 결혼을 원하자 호랑이는 여자를 물어와서 남자와 결혼을 하게 해. 이런 호랑이의 행동이 정당하다고 생각하니?"

사람을 강제로 데려와도 되는 걸까?"

😊💬 "동생이 네 과자를 다 먹어버린 게 옳을까? 옳지 않은 행동이야. 네 말대로 나쁜 행동이야. 그런데 왜 혼내지 않냐고? 동생은 아직 옳고 그름을 구별할 줄 모르는 나이이기 때문이야. 아직 어린 철부지인데 어떻게 하겠니? 좀 더 크길 기다리는 수밖에."

모두 규범적 정당성을 평가해보라는 질문들입니다. 뭐가 옳고 그른지 판단하지 못하면 삶의 주인이 될 수 없습니다. 주변의 의견에 정신없이 휩쓸리게 됩니다. "이게 옳은지 아닌지 이유를 설명해볼래?"라는 규범적 정당성 질문이 자녀를 중심이 튼튼한 어른으로 자라게 할 것입니다.

6

창의성을
높이는 질문

창의성
기존의 요소를 결합해서
새로운 걸 만들어내는 능력

창의 질문의 기본 패턴
"너라면 어떻게 하겠니?"
"재미있는 이야기 하나 해줄 수
있어?"

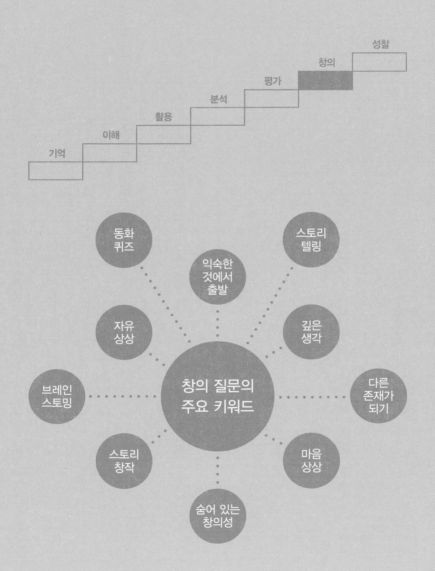

창의성 교육은
익숙한 것에서 출발한다

"피카소라면 강아지를 어떻게 그렸을까?"

앞 장에서 이야기한 평가 능력은 말하자면 비평 능력입니다. 이를테면 남이 만든 조각품의 장단점을 설득력 있게 비평하는 것이 평가 능력이죠. 이번 장의 주제인 창의성은 만들기 능력입니다. 가령 독창적인 조각품을 직접 손으로 만들어내는 능력이 창의성이죠.

아이의 창의성을 길러주는 단순한 교육법이 있습니다. 익숙한 것에서 출발해서 자기 생각을 맘껏 발전시키도록 아이를 이끄는 것입니다. 달리 말해서 '익숙한 발판을 딛고 점프하기'를 가르치면 그것이 바로 창의성 교육입니다.

창의성 전문가는 세상에 수도 없이 많지만 이처럼 편안한 길을 소개한 고마운 연구자는 미국의 신경과학자 데이비드 이글먼(David Eagleman)입니다(아래 내용은 그가 ideas.ted.com에 기고한 글 〈아이들이 더 창의적이게 만드는 3가지 방법(Three ways to help any kid be more creative)〉에 있습니다). 그에 따르면, 그림을 그릴 때도 완전히 새로운 그림을 그려야 독창적인 게 아닙니다. 기존에 있던 것을 조금 변형하는 방법을 가르쳐도 아이의 독창성이 자랄 수 있습니다.

다음 두 지시를 비교해보세요.

> (1) "독창적인 그림을 하나 그릴 수 있겠니? 그 누구도 흉내 내지 말고 너만의 그림을 그리는 거야."
> (2) "피카소가 강아지를 그렸다면 어떻게 그렸을까? 흉내 내도 괜찮아."

(1)에는 부모의 속마음이 담겨 있습니다. 내 아이가 둘도 없이 창의적인 그림을 그려주길 기대하는 질문이죠. 그런데 그런 독창적 천재는 이 세상에 거의 없습니다. (2)처럼 말하는 게 현실적이며, 충분히 교육적입니다. 아이가 아무리 애써도 피카소의 그림을 똑같이 모사하는 것은 불가능하죠. 아이의 개성이 그림에 묻어날 수밖에 없고, 시간이 지나면서 창의성이 쑥쑥 자랄 것입니다. (2)처럼 익숙한 것(피카소의 화풍)을 딛고 점프하라고 가르치는 것이 현실적인 창의성 교육입니다.

비슷한 유형의 질문을 더 소개해보겠습니다.

😊💬 "고흐가 살아 있다면 우리 동네 야경을 어떻게 그렸을까?"

😊💬 "모나리자가 21세기 여성이라면 어떤 복장에 어떤 헤어스타일 일까?"

그림을 좋아하는 아이는 고흐의 화풍과 모나리자의 모습을 익히 알고 있겠죠. 그 익숙한 것을 발판 삼아서 자기 생각을 펼쳐보라고 주문하는 것입니다.

독서 교육에서도 똑같은 원리가 적용됩니다. 새로운 이야기를 지어내야만 창의적인 게 아닙니다. 기존의 이야기를 활용해서도 창의성 교육이 충분히 가능합니다.

앞에서 말한 미국의 신경과학자 데이비드 이글먼은《아기 돼지 삼형제》를 예로 들면서 익숙한 이야기를 살짝 바꾸는 방법을 소개합니다. 가령 늑대가 원래 나쁜 동물이라서가 아니라 알레르기가 심해서 문제를 일으켰다고 가정해보자고 합니다. 늑대는 알레르기 때문에 재채기를 했는데 워낙 콧바람이 세서 돼지 네 집이 무너진 것으로 이야기를 바꿔보자는 것입니다.

익숙한 이야기에서 출발해서 살짝 변형을 했지만 충분히 재미있고 창의적입니다. 그렇게 창의성 교육에 대한 기본 설정을 바꾼 후에 아이들에게 아래처럼 질문을 하면 어떨까요?

😊💬 "늑대와 돼지들은 어떻게 오해를 풀고 친해졌을까? 어떤 말을

주고받았을까? 상상해볼 수 있겠니? 너도 친구와 오해 때문에 다툰 적은 없니?"

💬 "화해를 한 늑대와 돼지들은 서로를 도우며 살았을 거야. 어떤 일이 생겼을까? 늑대는 무너진 돼지의 집을 다시 세워주고, 돼지들은 맛있는 음식을 줬을지도 몰라. 같이 소풍도 가고 놀기도 하지 않았을까?"

💬 "이야기 제목을 뭐라고 바꿔야 할까? '아기 돼지 삼형제와 재채기하는 늑대'? '친구가 된 돼지 삼형제와 늑대'?

이런 독서 질문을 통해 아이는 친숙한 이야기를 소재로 자유롭게 상상하고 말하게 될 것입니다. 이것이 집에서 매일 할 수 있는 창의성 교육입니다.

예를 더 들어볼게요. 《토끼와 거북이》에 나오는 토끼와 거북의 경주 이야기도 좋은 소재입니다. 토끼가 일부러 졌다고 상상하면 수많은 질문의 발판이 마련되어 다양한 질문을 할 수 있지만 여기서는 행동의 동기, 미래 상상, 책 제목을 묻는 질문을 소개하겠습니다.

💬 "거북과 경주를 했을 때 토끼가 일부러 져줬다면 어땠을까? 왜 그랬을까? 이유를 만들어볼 수 있겠니? 친구 거북에게 달리기 자신감을 심어주기 위해서 낮잠을 자는 척한 건지 몰라. 아니면 이전에 물에 빠진 토끼를 거북이 구해줬을 수도 있어. 또 다른 이

유도 상상할 수 있지. 토끼가 배가 너무 고팠을 때 거북이가 몰래 먹을 걸 갖다놓은 적이 있다면 어때? 그때 너무 고마웠던 토끼는 은혜를 갚은 거야. 또 다른 이유를 상상할 수 있겠니?"

☺️💬 "10년 후 진실을 알게 된 거북은 뭐라고 했을까? 자존심이 상해서 토라졌을까? 자신감을 갖고 살아온 게 토끼 덕분이라며 고마워했을까?"

☺️💬 "이야기 제목을 뭐라고 바꾸면 되겠니? '토끼가 낮잠을 잔 이유'? '은혜 갚은 토끼'는 어때?"

다른 유명한 동화도 예를 들어보겠습니다.

☺️💬 "《백조왕자》에서 엘리제는 백조로 변한 오빠들의 마법을 풀어주기 위해서 목숨이 위태로운데도 쐐기풀로 옷을 짰어. 결국 오빠들을 원래 모습으로 되돌려놓을 수 있었지. 그런데 막내 오빠는 백조로 살고 싶다고 말했어. 그 오빠에겐 어떤 일이 있었던 걸까? 하늘을 나는 게 너무 좋았을까? 자유로운 삶이 좋아서? 아니면 백조가 된 미운 아기 오리를 만나 사랑하게 되었을까? 이유를 상상해보자."

☺️💬 "《미녀와 야수》에서 야수는 왕자가 되었어. 그런데 만일 못생긴 왕자였다면 어땠을까? 미녀가 달아났을까? 여전히 사랑했을까? 네가 이야기를 지어낼 수 있겠니? 또 이번에는 미녀가 마법

에 걸려 야수로 변했어. 왕자가 미녀를 계속 사랑하고 도와줬을
까? 이야기를 지어볼래?"

😊🔽 "《누가 내 머리에 똥 쌌어?》에서 두더지는 똥을 싼 범인이 개라
는 사실을 결국 알아내고 개의 머리에 똥을 싸줬어. 그 뒤에 개
는 어떻게 했을까? 누가 자기 머리에 똥을 쌌는지 알아내려고
온 마을과 숲을 뒤졌을까? 아니면 범인을 찾는 게 귀찮아서 말
았을까? 너의 이야기를 들려줘."

😊🔽 "《책 먹는 여우》에서 여우는 재미있는 책들을 후추와 소금을 뿌려
서 먹어버려. 왜 요리를 하지 않았을까? 책을 튀기거나 삶아 먹는
다면 맛이 어떨 것 같니? '책 튀겨 먹는 여우', '책을 고추장에 비벼
먹는 여우'는 제목으로 어때? 재미있어? 너무 장난스러워?"

역사도 익숙한 것에서 출발하는 방식으로 창의성 교육을 할 수 있
습니다. 신경과학자 데이비드 이글먼은 이렇게 질문하라고 권합니다.

😊🔽 "만일 스페인 사람이 마야인에게 천연두를 옮기지 않았다면 역
사는 어떻게 바뀌었을까?"

가상 역사 질문인데, 이런 질문에 답하려면 2가지가 필요합니
다. 풍부한 역사 지식과 창의적인 사고력이 그것입니다.

한국사 가상 질문은 아래와 같이 하면 재미있을 겁니다.

😊💬 "안중근 의사가 체포되지 않고 계속 독립운동을 했다면 어떤 일이 일어났을까? 매국노들이 무서워서 벌벌 떨다가 일본으로 달아나지 않았을까?"

😊💬 "한국전쟁이 일어나지 않았다면 어떻게 되었을까? 많은 국민이 가족을 잃고 눈물을 흘리는 일은 없었을 거야."

😊💬 "조선시대 한양에 기린 수십 마리가 나타났다면 사람들은 어떤 반응을 보였을까? 놀랐을까? 무서워했을까? 신기해서 다가갔을까?"

현대사회에서 우리 삶의 일부가 된 기술도 좋은 소재가 됩니다.

😊💬 "스마트폰이 발명되지 않았다면 너에게 어떤 일이 일어났을까? 지금보다 굉장히 심심했을까? 심심한 시간을 어떻게 보냈을까? 책을 더 많이 읽었을까? 엄마 아빠와 대화하는 시간이 늘어났을까? 더 행복할 것 같니?"

😊💬 "갑자기 엘리베이터가 사라지면 세상은 어떻게 변할까? 높은 아파트와 건물들이 쓸모 없어지지 않을까? 사람들은 낮은 건물을 더 좋아하게 될 거야. 어쩌면 고층 건물을 걸어서 오르내리다가 사람들 다리가 다 튼튼해질지도 몰라."

😊💬 "없어서는 절대 안 되는 물건이 뭐야? TV라고? TV가 없으면 어떤 일이 일어나는데? 전화기라고? 전화기가 없는 세상에서는

어떻게 연락을 주고받을까? 편지? 비둘기? 큰 소리로 말하기? 냉장고나 자동차가 없다면 우리 생활이 어떻게 바뀔 것 같니?"

허공에서 자라는 나무는 없습니다. 뿌리가 바닥에 닿아 있어야 까마득히 높은 나무가 될 수 있습니다. 창의성도 비슷합니다. 익숙한 것을 발판 삼아 점프하는 능력이 창의성입니다. 익숙한 스토리, 다 아는 역사적 사실, 곁에 있는 사물도 창의성 교육의 훌륭한 교재가 될 수 있습니다.

2 스토리텔링은 효율 높은 종합적 언어 훈련이다

"이야기 하나 해줄 수 있어?"

아이에게 아무 이야기나 하루에 하나씩 해달라고 부탁해보세요. 아이의 일상 이야기도 괜찮고 책이나 영화 이야기도 상관없습니다. 아무 이야기나 하루에 하나씩 말하다 보면 창의성과 언어능력이 걷잡을 수 없이 뻗어갈 것입니다.

'이야기하기'는 영어로 '스토리텔링'이에요. 사실이건 허구이건 사람과 사건에 대해서 이야기하는 게 스토리텔링인데, 교육적 효과가 아주 높습니다. 미국에서 발간된 두뇌력 계발서 《두뇌 훈련(Brain Training: Boost memory, maximize mental agility & awaken your inner genius)》에서는 이렇게 설명합니다.

'스토리텔링은 의미론(말의 의미), 통사론(말의 구조), 음운론(말소리) 등 언어 기술을 발달시키고 강화하는 아주 강력한 도구이다.'

어려운 개념들로 설명하고 있지만 풀어서 말하면 간단합니다. 스토리텔링을 하다 보면 아이는 말의 뜻을 정확히 알게 되고, 문장을 바르게 만들게 되며, 명확하고 섬세하게 말소리를 낼 수 있다는 것입니다. 즉 필수적 언어능력들을 스토리텔링이 길러줍니다.

그뿐이 아닙니다. 이야기를 만드는 아이는 창의성도 쑥쑥 자라납니다. 경험을 자신의 언어로 바꾸는 것은 굉장히 창의적인 활동입니다. 풍경을 그림으로 표현하거나 머릿속의 악상을 음악으로 표현하는 것과 똑같이 창조적 활동인 것이죠.

그러니까 아무 이야기나 상관없습니다. 실제 겪었던 일이나 TV 뉴스에서 봤던 내용도 좋겠죠. 아이가 직접 이야기를 지어서 말한다면 더 훌륭합니다.

- 😊💬 "이야기 하나 지어서 말해줄 수 있겠니? 슬픈 이야기, 기쁜 이야기, 싱거운 이야기 다 괜찮아."
- 😊💬 "오늘은 어떤 이야기를 해줄 거니? 하루 종일 기다렸어."
- 😊💬 "TV에서 본 재미있는 이야기는 없니? 재미없었던 프로그램 이야기를 해줘도 좋고."

동화를 요약해달라고 할 수도 있겠습니다. 예를 들어서 《빨간 머리 앤》에 대해서는 아이가 이렇게 이야기할 것입니다.

"'빨간 머리 앤'이라 불리는 소녀가 있었어요. 외로운 고아였는데 농장 주인에게 입양되었어요. 앤은 말이 많고 덜렁대는 아이였고 실수도 많았죠. 하지만 밝고 꾸밈이 없었어요. 모든 사람의 마음을 행복하게 만드는 힘이 앤에게 있었기 때문에 모두가 앤을 사랑하지 않을 수 없었죠. 앤은 공부를 성실히 해서 나중에 학교 선생님이 되었어요."

특별하거나 놀라운 문장은 아니지만, 이 정도만 이야기해도 대단합니다. 이야기에 기승전결이 다 녹아 있습니다. 주인공 성격의 장단점과 주변 사람들과의 관계도 압축적으로 설명되어 있습니다. 위와 같이 말하려면 단어를 고르고 문장을 만들기 위해 고심하고 문장 사이의 연결 관계도 고민해야 하는데, 아이는 이 모든 과정을 거친 것입니다. 이렇듯 스토리텔링은 종합적 언어 훈련의 좋은 방법입니다.

언어능력을 키우고 창의성을 기르는 데는 독서도 좋습니다. 또 엄마 아빠가 재미있는 이야기를 들려주는 것도 훌륭한 교육입니다. 그런데 아이의 뇌로 정보를 넣는 것만으로는 부족하죠. 창의적인 말과 표현이 아이의 뇌에서 만들어져서 입밖으로 나와야 더 효율 높은 공부가 됩니다. 그러니 이야기를 해달라고 자주 졸라야 합니다. "재미있는 이야기를 해줄 수 있겠니? 부탁이야"라고 자주 요청하세요. 머지않아 아이의 언어능력과 창의성이 예쁘게 피어날 겁니다.

그런데 아이가 몇 번 이야기를 하다가 곧 흥미를 잃을 수도 있습니다. 원인은 크게 2가지입니다. 질문의 구체성이 부족하거나 흥미롭지 않은 소재일 때입니다. 아이가 스토리텔링에 흥미를 잃어가는 것 같다면 아래처럼 질문해보세요.

☺💬 "오늘 가장 놀랐거나 웃겼던 일을 말해줄 수 있겠니?"

☺💬 "친구들 때문에 재미있었거나 크게 웃은 일은 없었니? 기승전 결로 길게 말해줘. 너무 궁금해."

☺💬 "요즘은 어떤 재미있는 상상을 하니? 슈퍼 히어로가 되어서 지 구를 구하는 상상? 유명한 아이돌이 되어서 공연하는 상상? 학 교도 학원도 다 사라지는 상상?"

☺💬 "요즘 읽은 가장 어이없는 책의 내용은 뭐야? 가장 재미있는 책 을 말해줘도 좋아."

☺💬 "그 영화가 왜 재미있니? 스토리를 말해줄 수 있겠니?"

☺💬 "이번 주 가장 기분 좋았던 일 세 가지만 골라서 이야기해줄 수 있겠어?"

가장 좋은 건 아이가 창작해서 이야기를 하는 것입니다. 그런데 쉽지는 않죠. 예비 단계로 기존의 이야기를 활용할 수 있습니다. 아이 가 아는 이야기들을 혼합하는 겁니다. 아래와 같은 질문에 답하는 아 이는 창의성과 상상력이 넘치는 스토리텔러가 될 수 있습니다.

☺💬 "피터팬이 《백설공주》 이야기 속으로 들어가는 이야기를 만들

수 있겠니? 어떤 일이 일어날까? 왕비를 혼내줬을까? 아니면 난쟁이들과 정신없이 노느라 백설공주가 어떻게 되든 신경도 안 썼을까?"

"곰돌이 푸가 바다에 빠졌는데 인어공주가 구해줬어. 인어공주는 푸를 첫눈에 사랑하게 돼. 이제 어떤 일이 일어날 것 같니?"

그 외에 거대한 걸리버가 임진왜란 때 이순신 장군을 돕는 상상도 가능하겠죠. 램프의 요정 지니와 헐크가 힘 대결을 벌이면 누가 이길지 상상할 수도 있어요. 또 행복한 왕자가 성냥팔이 소녀를 도와서 살려줬다는 이야기를 꾸밀 수도 있겠네요.

3 깊은 질문이 창의성을 길러준다

"왜 예의를 지키는 게 중요할까?"

깊이 생각할수록 창의적인 생각을 하게 됩니다. 어떤 상황에 대한 근본적인 이유를 생각할수록 개성 있는 결론에 도달한다는 말입니다.

상황을 가정해보겠습니다. 예의 없이 말하고 행동하는 아이를 엄하게 훈계하려는데, 어떻게 말해야 할까요?

(1) "예의를 좀 지켜라. 예의를 지켜야 옳아."
(2) "예의는 꼭 지켜야 한다. 그런데 왜 예의를 지켜야 할까?"

보통은 (1)처럼 말합니다. 그러나 (1)은 아이들의 반감을 사는 훈계의 성격을 띱니다. (2)는 훈계하지 않고 같이 생각해보자고 제안하고 있어 아이들의 반감을 유발하지 않습니다. 게다가 (2)는 창의적인 답변을 요구합니다. 예의를 지켜야 한다고 누구나 생각하지만, 왜 예의를 지켜야 하는지 생각하는 사람은 소수입니다. 예의를 지켜야 하는 이유에 대해서는 이렇게 설명해줄 수 있겠습니다.

> "왜 우리는 예의를 지켜야 할까? 엄마 생각에 예의는 존중의 표현이야. 그러니까 예의를 지키지 않는 건 상대방에게 '당신을 존중하지 않는다'라고 대놓고 말하는 것과 같지. 그러면 나쁜 사람으로 비치고, 결국 고립되고 말 거야. 예의를 지키지 않으면 상대방에게 상처를 줄 뿐만 아니라 나 자신도 큰 손해가 생기는 거야. 그래서 예의를 꼭 지켜야 하는 거란다."

동화 속 성차별 문제에 대해서도 물어볼 수 있습니다. 먼저 평범한 질문으로 시작하는 게 좋겠습니다.

> "《신데렐라》와 《백설공주》 이야기를 왜 성차별적이라고 하는 걸까?"

아시다시피 《신데렐라》와 《백설공주》는 남자가 여자를 구하는 설정입니다. 한 왕자는 신데렐라를 불행한 집에서 구출해줬고, 다른 왕자는 백설공주를 죽음의 위기에서 구했습니다. 여자가 예쁘기만

하면 남자가 나타나 구해주는 셈입니다. 요컨대, 여자는 삶의 주체가 아니게 묘사되고 남자가 여자의 행복과 불행을 결정하는 걸로 그려집니다. 그러니 여성을 차별한다는 비판을 들을 만합니다. 아이에게 물어볼 수도 있습니다.

- "《빨간 모자》와 《백설공주》의 공통점이 뭘까? 남자가 구원자로 나온다는 게 같아. 《빨간 모자》에서는 사냥꾼이 소녀와 할머니를 구해주고, 《백설공주》에서는 왕자가 백설공주를 구해줘. 《신데렐라》도 비슷하고. 그렇게 여자를 의존적인 존재로 묘사하는 이야기가 너무 많아. 우리 아들이 보기에는 어때? 너도 남자지만 좀 이상하지 않니?"
- "영화 〈원더우먼〉과 디즈니 영화 〈라푼젤〉의 공통점은 뭘까? 여자가 주체적인 존재로 그려졌다는 거야. 자신이나 세상의 문제를 해결하기 위해 여자 주인공이 적극적으로 나서잖아. 성차별을 하지 않으려는 만화나 영화가 점점 많아지고 있어. 남자인 네가 생각해도 다행이지?"

한 단계 더 깊은 질문을 할 수도 있습니다. 왜 차별이 나쁜지를 묻는 것입니다.

- "'쟤는 너무 못생겼다'라면서 놀리는 건 외모 차별이야. 외모 차

별은 왜 나쁠까? 또 피부색이 다르다고 놀리는 건 인종차별이야. 인종차별은 왜 나쁜 것일까?"

답하기 어려운 질문입니다. 대학생도 쩔쩔맬 질문이지만 아래와 같이 설명해주면 오래 기억될 지적 자극이 될 것입니다.

🙂💬 "왜 인종차별이나 외모 차별이 나쁜지 생각해봤니? 인종, 외모, 성별, 나이에 따라 사람을 차별하는 건 잘못이야. 왜냐하면 모든 인간은 똑같이 소중한 존재이기 때문이지. 누구나 평등하게 똑같이 존중받아야 해. 성별, 외모, 인종에 관계없이 말이야. 모든 차별은 나쁜 거라고 기억할 수 있겠지?"

깊은 질문이 생각도 깊게 만듭니다. 깊은 질문은 자신만의 생각을 싹 틔웁니다. 특히 "왜"로 시작되는 질문이 효과가 높습니다.

🙂💬 "양치기 소년처럼 거짓말을 하면 왜 나쁜 거야? 거짓말을 하는 건 '나를 믿지 마세요. 나는 거짓말만 해요'라고 말하는 것과 같아. 나중에는 사람들이 정말 너를 믿지 않게 될 거야. 네가 사실을 말해도 거짓말이라고 생각하게 될 걸. 게다가 양치기 소년과 같은 거짓말은 다른 사람들에게 큰 피해를 입혀. 헛수고를 하게 만들지. 때로는 손해도 입혀. 그러니 자신과 다른 사람을 위한다

면 거짓말은 하지 말아야 한단다."

"우리는 왜 뿡뿡이처럼 방귀 대장이 되면 안 될까? 방귀를 여기
저기서 뀌면 왜 나쁠까? 또 사람들 앞에서 코 후비는 것은 왜 안
되지? 방귀와 코 후비기는 다른 사람을 무척 불편하게 만들기 때
문이야. 방귀는 다른 사람의 코를 오염시키고, 코 후비기는 눈을
괴롭히거든. 그러니까 남들 앞에서 하는 행동과 혼자 있을 때 하
는 행동을 구별해야 해. 방귀 뀌기와 코 후비기는 아무도 없을 때
몰래 하는 게 좋아."

4 다른 존재가 되는 상상은 즐겁다

"네가 요정이라면 무엇을 할 거야?"

아이에게 존재 바꾸기 상상을 권해보면 어떨까요? 다른 존재가 되었다고 상상하면 아주 재미있습니다.

- "다른 사람이 되는 상상을 해봐. 엄마, 아빠, 선생님, 친구 중에서 누가 되고 싶어? 선생님이 되고 싶다고? 선생님이 되어서 뭘 하고 싶어?"
- "다른 동물이 될 수 있다면 어떤 동물이 되고 싶니? 코끼리? 왜 코끼리가 되고 싶지?"
- "되고 싶은 꽃은 없니? 곤충은? 곤충이 될 수 있다면 무엇이 되고 싶어?"

입장을 바꿔 생각하는 능력을 기르는 질문도 할 수 있습니다.

🙂💬 "네가 아빠라면 아이에게 어떤 말을 해줄 거야? '공부하지 말고
놀아도 돼'라고 할 수 있을까?"

🙂💬 "네가 엄마라면 언제 가장 행복할까? 아빠가 집안일을 도와줄
때? 딸과 아들이 환하게 웃을 때?"

🙂💬 "네가 선생님인데 아이들이 공부 시간에 떠들며 장난친다고 상
상해봐. 너는 어떻게 하겠니?"

비슷한 질문으로 미래의 꿈을 키워줄 수도 있습니다.

🙂💬 "댄서가 되고 싶다고 했지? 최고의 댄서가 되었다고 생각해보
자. 어느 나라 어느 무대에서 공연하고 싶니? 콜라보는 어떤 가
수와 할 거니?"

🙂💬 "네가 최고의 요리사라고 상상해봐. 어떤 요리를 만들어서 누구
에게 주고 싶니?"

🙂💬 "네가 자동차 디자이너야. 마음대로 차 모양을 결정할 수 있어.
어떤 차를 디자인할 거니? 물속을 달리는 차? 로봇으로 변신하
는 자동차? 집으로 변하는 큰 자동차?"

동화나 영화 속의 캐릭터가 되는 상상을 해도 즐거울 것입니다.

😊💬 "램프의 요정 지니가 된다면 너는 너를 위해서 어떤 일을 할 거야? 아빠에게는 무엇을 선물하고 싶니?"

😊💬 "무엇이든 될 수 있다면 헐크, 스파이더맨, 아이언맨, 피터팬 중에서 누굴 택하겠니? 이유는 뭐야?"

전능한 존재가 되어서 세상을 마음대로 바꿔보라고 해도 좋겠습니다. 아이는 상상의 즐거움을 맛볼 테고, 부모는 아이의 마음 깊은 이야기를 듣게 될 테니까요.

😊💬 "네가 전지전능한 신이라고 생각해봐. 전지전능은 뭐든지 알고 뭐든지 할 수 있다는 뜻이야. 어떤 세상을 만들고 싶어? 또 지금 세상에서 어떤 점을 고쳐줄 거야? 환경 문제? 전쟁? 굶주리는 어린이 문제?"

😊💬 "네가 뭐든지 할 수 있는 신이야. 어떻게 하면 세상 어린이들을 행복하게 만들 수 있을까? 매일을 일요일로 지정할까? 한 달에 두 번씩 크리스마스가 오게 하는 건 어떨까? 하늘에서 맛있는 음식이 떨어진다면 행복하겠지? 또 수학 학원이 없어진다면 아이들이 환호하지 않을까? 뭐? 잔소리를 지구에서 아예 없애고 싶다고?"

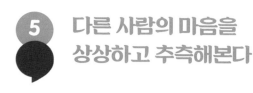

5 다른 사람의 마음을 상상하고 추측해본다

"백설공주를 해치려던 왕비는 후회하지 않았을까?"

공감하고 이해하기는 국어, 도덕, 사회 과목의 중요한 교육 주제인데요. 그런 중요한 개념을 일상 생활과 독서 토론에서 활용하는 방법에 대해 이야기해보겠습니다. 예를 들어, 동생과 다투고 뿔난 아이에게 이렇게 물어볼 수 있습니다.

(1) "동생이 그렇게 나쁜 말을 했다고? 그건 잘못된 행동이야. 그러면 안 되는 거야."

(2) "동생이 그렇게 말한 건 분명히 잘못이야. 그런데 말이야, 동생은 왜 그렇게 말했을까? 어떤 생각을 했던 것일까?"

(1)처럼 옳고 그름을 가르치는 건 부모가 꼭 해야 하는 역할입니다. 그런데 한 걸음 더 나아갈 수도 있습니다. 남의 마음, 그것도 맘에 안 드는 상대방의 심정을 상상하게 이끄는 것입니다. (2)처럼 말입니다. 상대방의 마음을 읽는 능력이야말로 수준 높은 지적 능력이며, 사회성을 높여줄 정서적 공감 능력입니다. 위의 예시에서 동생이 왜 나쁜 말을 했는지 상황을 돌아보고 마음을 짐작하는 연습을 하면 공감 능력이 성장할 수 있습니다.

또 다른 상황을 가정해보겠습니다. 아이가 친구와의 의견 충돌 때문에 실망도 하고 화도 났습니다. 이때 아이가 마음 상상을 하도록 조언할 수 있습니다.

💬 "친구가 반대를 했다고? 아빠도 마음이 좋지 않다. 그런데 네가 그 친구라고 생각해보자. 어떤 이유로 반대하는 걸까?"

💬 "그 친구의 생각은 뭘까? 그 친구가 어떤 생각을 하는지를 알아야 설득할 수 있어."

타인의 관점에 공감하고 이해하는 사람이 리더십이 높다는 건 널리 알려진 사실입니다. 친구의 생각을 헤아리도록 가르치면 아이의 리더십도 자란다고 말할 수 있죠.

마음 상상하기 질문은 더 큰 주제에 대해서도 할 수 있습니다.

😊💬 "채식주의자들은 왜 이 맛있는 육식에 반대하는 걸까?"

😊💬 "갈릴레오를 유죄로 판결한 사람들은 왜 그랬을까?"

채식주의자는 동물의 생명을 소중히 여기고 지구 환경을 지키려는 뜻에서 채식을 하는 사람들입니다. 비록 육식을 즐기는 사람도 채식주의의 뜻을 안다면 채식주의자에 대한 생각이 더 유연해지고 포용력도 넓어질 것입니다.

갈릴레오 갈릴레이가 유죄라고 판단한 사람들은 아마 종교적 우주관을 가졌을 것입니다. 신이 창조한 인간 세상이 우주의 중심이니까 태양을 비롯한 천체가 지구를 중심으로 돈다고 믿었을 겁니다. 그들에게는 지동설을 옹호하는 갈릴레오 갈릴레이가 위험해 보였을 것입니다. 갈릴레오 갈릴레이를 유죄로 몰고 가택연금시킨 사람들의 생각이 옳지는 않지만, 그들이 어떤 생각을 가졌을지 상상하고 추리하는 건 누구에게나 유익한 일입니다.

타인의 마음을 상상하라고 시키지만 말고 부모가 솔선수범하면 교육적 효과가 더 큽니다.

😊💬 "엄마가 보기에 너는 이런 생각을 하고 있는 것 같다. (중략) 엄마 짐작이 맞니?"

😊💬 "네가 그렇게 말한 이유를 알 것 같다. 너는 존중받지 못해서 기분이 상했던 거야. 엄마가 네 마음을 정확히 추측한 거니?"

동화 속 악당 혹은 어리석은 인물의 마음을 상상하는 것은 아이에게 특별한 경험입니다.

😊💬 "양치기 소년은 왜 거짓말을 했을까?"

소년은 사람들이 놀라는 모습이 재미있어서 거짓말을 했습니다. 또 거짓말을 한 후 주목받는 것도 즐겼겠지요. 그러나 소년이 놓친 게 있습니다. 자신의 즐거움을 위해 남에게 피해를 입혀서는 안 된다는 것입니다.

😊💬 "백설공주에게 독사과를 먹인 왕비가 왜 그런 나쁜 짓을 저질렀다고 생각하니? 나중에 후회하지 않았을까?"

왕비에게는 외모가 최고의 가치였습니다. 가장 아름다운 사람이 되고 싶은 욕망에 눈이 멀어서 자기보다 예쁜 백설공주의 생명까지 해치려 한 것인데, 외모는 내면의 아름다움에 비해 가치가 낮다는 걸 왕비는 몰랐던 것입니다.

현실 속 선인과 악인에 대해 대화를 나눌 수도 있습니다.

😊💬 "뉴스에 범죄를 저지른 사람 이야기가 나왔어. 저 사람은 어떤 잘못된 생각을 했을까?"

😊💬 "뉴스를 보니 어떤 할머니는 평생 모은 돈을 기부하셨대. 어떤
　　　마음이었을까?"

　　악인들은 대체로 자기 것이 아닌 물건이나 돈을 가지려는 욕심
때문에 범죄를 저지릅니다. 반대로, 자기 것을 남과 나누는 선인도 있
습니다. 평소 아이와 뉴스를 함께 보면 이런 주제에 대해 즐겁게 대화
할 수 있습니다. 나눔의 가치에 대해서도 이야기 나눌 수 있지요.

6 아이 속에 숨어 있는 창의성 찾기

"집중이 안 돼? 창의적이어서 그래~"

자녀가 도통 주의집중을 못 하나요? 그렇다고 해서 일찍 포기하지는 마세요. 창의적인 아이일 수 있습니다. 자녀가 가만히 앉아 있지 못하고 꼼지락거리고 지속적으로 움직이는 성향, 즉 과잉행동 성향을 가졌나요? 충동적인가요? 순하지 않고 까다로운 기질을 가졌나요? 게다가 성적 등 성과가 낮나요? 그래도 "우리 아이는 글렀다"라고 포기하지 마십시오. 모두 창의성의 증거일 수 있기 때문입니다.

미국 이스턴미시간대학교의 교육심리학과 교수 얼레인 스타코(Alane J. Starko)가 저서 《교실에서의 창의성(Creativity in the Classroom: Schools of Curious Delight)》에 소개한 도표가 있습니다. 창의적인 사람들에 대한 연구 결과인데요. 내용은 아래와 같습니다.

부모가 걱정하는 성향	창의적인 사람들의 특징
주의집중력 부족	아이디어, 시각화, 다른 관계와 연결성 만들기, 멀티태스킹을 즐기기 때문에 관심 영역이 넓다.
과잉행동	관심 있는 일에 높은 에너지를 쏟는다.
충동성	위험을 감수하고, 기분(감각)을 추구한다.
까다로운 기질	비관습적 행동, 시스템에 도전하는 행동을 자주 한다.
낮은 성과	학교가 지시하는 것 대신 자신의 프로젝트에 집중한다.

선생님 말씀에 집중 못 하는 아이 중 일부는 창의성이 뛰어날지 모릅니다. 관심 영역이 너무 넓어서 생각할 게 너무 많으니 선생님 목소리 하나에만 주의력을 다 쏟을 수 없는 것입니다.

까다로운 기질도 마찬가지입니다. 아이가 화를 많이 내고 새로운 환경에 적응하기가 쉽지 않고 부정적인 기분에 자주 빠지고 격하게 반응하는 등 기질이 까다롭다고 해서 반드시 문제 있는 아이라고 말할 수는 없습니다. 창의적인 사람들 중 일부는 성격이 까다로워서 정해진 대로 행동하지 않습니다. 또 사회제도나 가치에 도전하는 성향을 보입니다. 어쩌면 우리 아이도 창의성 때문에 이 세상을 견디기 힘들어하는지도 모르는 일입니다.

이러한 성향과 창의성의 관계는 아이에게도 알려줘야 할 중요한 사실입니다. 이렇게 질문하고 설명하면 됩니다.

😊💬 "주의집중력이 부족해서 고민이야? 걱정 마. 창의적인 사람은 관심 범위가 넓어서 한 가지 일에 오래 집중하기 힘들대. 너도 창의적인 아이일지도 모른다는 뜻이야."

😊💬 "가만히 앉아 있지 못해서 선생님께 야단맞았다고? 노력해서 고쳐야 해. 마음을 차분히 가라앉히면 조용히 앉아 있을 수 있어. 너는 네가 좋아하는 것에는 꼼짝하지 않고 열중하잖아. 그래서 너는 아주 창의적인 아이인 거야. 용기를 내."

😊💬 "생각하기 전에 행동을 먼저 하게 된다고? 충동적이어서 그래. 그러면 안 돼. 이런 행동을 해도 될까 하는 생각을 먼저 끝낸 후에 행동을 해야 하는 거야. 그런데 재미있는 사실을 알려줄까? 유명 발명가나 음악가처럼 창의적인 사람들은 충동적일 때가 많다고 해. 네 마음에도 창의성이 숨어 있다고 엄마는 믿어."

😊💬 "네 성격이 나쁜 것 같아서 고민이야? 창의적인 사람들 중에는 고집불통이 많아. 짜증 부리는 사람도 적지 않아. 나쁜 성격을 자랑스러워하라는 얘긴 아니야. 네 성격이 꼭 나쁘지만은 않다는 걸 기억하라는 뜻이야. 마음속에 열정이 불타오르면 성격이 부드러울 수만은 없는 게 당연해."

😊💬 "성적이 낮아서 고민이라고? 에디슨도 학교 성적이 낮았다고 하잖아. 창의적이고 천재적인 사람들 중에 학교 공부를 어려워하는 경우가 많았어. 너무 크게 걱정하지 말고 천천히 성적을 올려보자. 아빠가 도와줄게."

창의적인 아이는 남다르고, 남다른 아이는 문제가 있는 것처럼 보일 수 있습니다. 아이가 집중 못 하고 충동성이 강하고 성격이 까다롭다고 해서 너무 좌절하지는 마십시오. 일찍 포기할 이유가 전혀 없습니다. 다른 게 아니라, 아이의 창의성이 원인일 수 있으니까요. 진심으로 믿어주면 아이는 바르게 자랍니다. 끝까지 의심하지 않는 것이 육아의 철칙인 것 같습니다.

7 대체 스토리 생산으로
창작 경험을 쌓는다

"너라면 이야기를 어떻게 바꾸겠니?"

책, 영화, 드라마, 만화, 웹툰 등 무엇이든지 좋습니다. 아이가 "재미없다"며 짜증을 내길 기다렸다가 재빨리 질문을 하세요.

> "그래? 네가 작가라면 이야기를 어떻게 바꿀 거야?"
> "결말이 마음에 안 드는 것 같네. 너라면 어떻게 이야기를 끝내겠니?"

아이는 나름 깊이 생각하고 대답을 하겠죠. 이런 대답이 돌아올 수 있습니다.

"성냥팔이 소녀가 행복하게 살도록 이야기를 바꾸고 싶어요."

"자기를 놀린 참새와 흙덩이를 강아지 똥이 타이르게 할래요."

"《노인과 바다》의 할아버지가 큰 물고기를 잡아서 돌아오면 좋겠어요."

아이가 대체 스토리를 원한다면 이야기를 어떻게 만들지 구체적으로 질문함으로써 아이를 도울 수 있습니다.

- 😊💬 "성냥팔이 소녀를 어떤 사람이 도와줄 수 있을까? 소녀가 어떤 집에서 어떻게 살았으면 좋겠니?"
- 😊💬 "강아지 똥이 나중에 민들레 꽃을 피운 걸 알면 참새와 흙덩이는 뭐라고 말할까? 놀린 걸 후회하고 미안해하지 않을까?"
- 😊💬 "물고기를 상어에게 빼앗기지 않고 항구로 돌아온 노인은 표정이 어떨 것 같니? 항구의 이웃들은 어떻게 축하해줄까? 노인은 큰 물고기를 팔아서 번 돈으로 무엇을 할 것 같니? 맛있는 걸 사먹을까? 배를 하나 더 살까?"

아이의 대체 스토리가 허술해도 괜찮습니다. 무엇보다 아이가 직접 스토리의 생산자가 되어본 것으로 의미가 있습니다. 보통의 경우 아이들은 이야기의 단순 소비자로서 내용을 수동적으로 흡수하지만, 대체 스토리를 말하면서는 스토리의 생산자라는 새로운 정체성을 경험하게 됩니다. 이렇듯 새로운 이야기를 상상한 순간 아이는 차원이 다르게 성장합니다.

스토리 생산은 아이에게 자유의 경험도 줍니다. 책에 갇혀 있지 않고 창의적인 대안을 만들어내면서 아이는 자유를 느끼고 신이 날 것입니다. 그러니 부모가 먼저 질문을 해서 아이의 스토리 창작 경험을 이끌어주세요. 이런 질문은 어떤가요?

- 😊 "《해저 2만 리》의 잠수함 노틸러스가 하늘을 날면 더 재미있을 것 같지 않니? 영화 〈어벤져스〉에 나오는 공중 항공모함처럼 말이야."
- 😊 "백설공주와 왕비가 화해를 한다면 어떨까? 백설공주가 왕비에게 나쁜 마음을 버리게 설득하는 거야. 왕비는 사과하고, 두 사람은 화해해. 그리고 궁궐에서 행복하게 사는 거야. 일곱 난쟁이도 함께 말이야. 그렇게 평화롭게 이야기를 바꿔도 재미있겠지?"

이야기 바꾸기를 대신할 방법도 있습니다. 책 속 인물들이 책에서 튀어나와 만나는 장면을 상상하는 것입니다.

- 😊 "성냥팔이 소녀를 만난 산타클로스는 어떤 선물을 하고 무슨 말로 위로를 해줄까?"
- 😊 "《오즈의 마법사》에 나오는 양철 나무꾼과 허수아비가 피노키오를 만나면 어떨 것 같니? 처지가 비슷하니까 서로를 이해하고 좋아하지 않을까? 친하게 놀고 여행도 함께 갈 것 같지 않니? 그

셋이 만난 광경을 그림으로 그리면 재미있을 것 같지 않니?"

😊💙 "반성한 스크루지가 심술궂은 놀부에게 뭐라고 말할까? 그렇게
살면 후회한다고 타이를 것 같지 않니? 뭐라고 훈계할지 네가
지어서 이야기해볼래?"

😊💙 "《인어공주》, 《신데렐라》, 《숲속의 잠자는 공주》, 《미녀와 야수》,
《개구리 왕자》에 나오는 왕자들이 한자리에 모였어. 누가 가장
멋있을까? 또 가장 지혜롭고 다정한 왕자는 누구일 것 같니?"

8 신나는 아무 말 대잔치로 아이디어를 창조한다

"떠오르는 아무 생각이나 말해볼래?"

아이가 내일까지 써가야 하는 글이 있는데 글감 아이디어가 떠오르지 않는다며 괴로워할 때 뭘 어떻게 도와줘야 할까요? 간단한 방법이 있어요. 언제 어디서 어떤 일이 일어났는지 생각해보고, 누구와 함께 그 일을 겪었는지를 떠올려보게 하는 거예요. 여기에 더해서 아이 자신의 감상을 기억해내면 금상첨화입니다. 정리하면 이렇습니다.

(1) 언제 어디서 무슨 일이 일어났는지 생각한다.
(2) 누구와 그 일을 겪었는지 생각한다.
(3) 그때 내 느낌이나 생각이 어땠는지를 떠올려서 쓴다.

어렵나요? 2학년 교과서에 나오는 내용입니다. 이 방법을 활용하는 것도 좋지만, 좀 더 자유로워도 괜찮습니다. 규칙에 얽매이지 말고 아무 생각이나 떠올려서 말해보는 것입니다. 즉 브레인스토밍, '아무 말 대잔치'를 하는 것입니다. 시커먼 먹구름이 비를 쏟아내듯 아무 생각이나 쏟아내다 보면 기상천외의 아이디어가 나올 수 있어서 기업들도 브레인스토밍을 중요시합니다.

브레인스토밍의 단순한 예를 들어보겠습니다. 아이가 여행 감상문을 써야 한다고 가정해보겠습니다. 언제 어디서 어떤 일을 누구와 겪었는지를 떠올리면 좋겠지만, 그런 제한이 없어도 괜찮습니다. 마음 놓고 멋대로 브레인스토밍을 해보라고 권해보세요. 이렇게 말하면 됩니다.

😊💬 "지난번 여행을 생각하면 떠오르는 게 뭐야? 아무 말이나 해볼까? 이런 걸 브레인스토밍이라고 하는 거야. 정말 아무거나 괜찮아. 문장 만들 것 없이 낱말만 말해도 좋아."

아이는 다음과 같이 대답할 수 있습니다.

"정말 아무거나 말해볼게요. 맛없는 음식. 더운 날씨. 너무 많은 사람들. 자동차는 밀렸다. 땅에서 지렁이를 봤다. 징그러웠다. 잠자리도 불편했다. 나는 집에서 게임을 하는 게 더 좋다. 엄마 아빠는 왜 여행을 좋아할까? 지겨운 여행. 짜증나는 주말."

위와 같은 단편적인 기억을 그러모으는 사이에 아이의 마음에선 불씨가 피어날 겁니다. 점점 불길이 커지고 감정이 뜨거워지면 아이는 글로 표현하고 싶어질 겁니다. 가슴이 뜨거워야 자신만의 글을 쓰고 말을 하고 싶어집니다.

예로 든 이 아이는 말하는 내내 짜증이 밀려올 겁니다. 왜 여행을 가야 하는지 이해도 안 되고 싫은 마음이 생길 텐데, 그렇게 생각 엔진에 시동이 걸리고 나면 이제 글을 쓸 준비가 된 것입니다. 그리고 아이는 '나는 여행이 싫다. 이번 여행도 많이 괴로웠다'라는 마음을 담아서 글을 쓰게 될 것입니다. 그 글은 창의적인 글이 될 수 있습니다. 또 글을 쓰는 동안 마음이 후련해지고 재미도 느낄 것입니다. 그렇게 생각하기와 글쓰기를 좋아할 계기가 생겨납니다.

이번에는 한 아이가 지구온난화에 대한 글을 써야 하는데 실마리가 잡히지 않아 괴로워하고 있다고 가정해보겠습니다. 이때에도 아무거나 생각나는 대로 말하는 게 해결책이 됩니다.

"지구온난화. 지구가 뜨거워진다. 공장에서 이산화탄소가 많이 배출된다. 빙하가 녹는다. 북극곰이 살기 힘들어진다. 바다 수면이 높아진다. 바닷가에 있는 할아버지 집도 물에 잠길지 모른다. 더워서 숨이 막힌다. 지구를 구해야 한다. 사람과 동물의 생명을 지켜야 한다."

위와 같이 브레인스토밍을 하다 보면 지구온난화가 할아버지에게도 피해를 끼친다는 결론에 도달하게 됩니다. 창의적이고 개성적인 글감이 나온 것입니다.

글쓰기가 아니라 생활 고민을 해결할 때도 브레인스토밍이 쓸모 있습니다. 친구와 다퉈서 전전긍긍하는 아이에게 브레인스토밍을 해보라고 조언하세요. 머릿속의 생각을 전부 말로 표현하도록 이끄는 것입니다. 예를 들어 아이는 이렇게 말할 겁니다.

"친구가 밉다. 그런데 같이 놀지 못하니까 심심하다. 사과를 할까? 친구도 나를 싫어할까? 사과를 하면 받아줄까? 지난번에도 싸우고 화해한 적이 있다. 하지만 부끄럽다. 자존심도 상한다. 화해하기 싫다. 다른 친구를 사귀면 되지 뭐. 그런데 새 친구 사귀기는 참 어렵다. 혼자서 게임하면서 놀까? 친구에게 맛있는 걸 사준다고 말해볼까? 사과 문자를 보낼까?"

그렇게 뒤엉킨 생각을 풀어서 한 가닥씩 언어화하는 사이에 해결 방법을 스스로 알아내게 됩니다. 브레인스토밍은 뇌가 얼마나 창의적인지 증명합니다. 그러니 문제 해결력이 뛰어난 창의적인 아이로 기르고 싶다면 질문을 하세요.

😊💬 "아이디어가 안 떠올라? 그러면 브레인스토밍을 할까? 아무 말이나 하는 거야."

교육심리학자 얼레인 스타코의 저서 《교실에서의 창의성》에 따르면 브레인스토밍에는 4가지 규칙이 있습니다.

(1) 비판하지 않는다.
(2) 아무거나 자유분방하게 말한다.
(3) 아이디어의 질도 중요하지만 양이 많은 게 최고다.
(4) 아이디어들을 더하고 결합한다.

'내 생각이 틀리지 않았을까' 하는 걱정을 하지 않아야 좋은 브레인스토밍을 할 수 있습니다. 다른 사람들의 아이디어를 비판하거나 평가하지 말고, 엉뚱한 생각일지라도 최대한 많이 떠올려 말하는 게 중요합니다. 서로의 아이디어를 더하고 결합해서 발전시킬 수 있다면 더할 나위 없습니다. 아래처럼 묻고 말해주면 도움이 될 겁니다.

> 😊💬 "브레인스토밍이 무슨 뜻인지 아니? 뇌(brain)에 폭풍(strom)을 일으키는 거야. 아무 말이나 막 지르는 게 브레인스토밍이지."
>
> 😊💬 "왜 너의 아이디어를 부끄러워하지? 당당하고 씩씩하게 마음껏 얘기해도 괜찮아."
>
> 😊💬 "그 세 가지 아이디어를 합치는 방법은 없을까? 지구온난화, 북극곰, 할아버지 집을 연결할 수 없을까?"

9 자유로운 상상 질문은
언제나 신이 난다

"날개 달린 나무는 어디로 날아갈까?"

아이에게 창의성 질문을 하려면 키워드를 기억하는 게 좋습니다. 여기서는 4가지를 이야기할 텐데 '비교', '조합', '뒤집기', '득템'이 그것입니다. 무관한 것을 비교하고 조합하면 창의적 질문을 할 수 있습니다. 또 현실을 뒤집어도 재미있는 질문이 나오죠. 마지막으로, 꿈에 그리던 귀중한 물건이 생기는 상황을 질문해도 좋습니다.

첫 번째로, 무관한 것들을 '비교'하는 질문을 보겠습니다.

😊💬 "시냇물, 호수, 강, 바다 중에서 네 마음을 닮은 건 무엇이니?"

😊💬 "삼각형, 사각형, 원 중에서 엄마와 가장 닮은 것은 뭐니?"

😊💬 "아빠와 제일 비슷한 동물은 뭐야?"

😊💬 "엄마와 가장 닮은 꽃은 뭘까?"

위와 같은 질문에 답하려면 전혀 무관한 것에서 공통점을 찾아야 합니다. 이를테면 아이는 이렇게 답할 수 있습니다.

"엄마는 동그란 원이었다가 뾰족한 삼각형으로 자주 변해요. 활짝 웃다가 화도 내시는 거죠."

"아빠는 기린 같아요. 우리 집에서 가장 크니까. 물론 코끼리도 되죠. 가장 무거우니까."

두 번째로, 무관한 것들을 '조합'하는 질문도 상상력을 키워줍니다.

😊💬 "너만의 거인 모습을 그려봐. 날개가 있고 입에서 불을 뿜으면 어떨까?"

😊💬 "너에게 어떤 슈퍼 파워가 생기면 좋겠니? 헐크의 힘? 스파이더맨의 초능력? 여러 가지 힘을 갖는다고 상상해볼까?"

😊💬 "나무에게 걷고 뛰는 다리가 있다면 어때? 아침에 가로수가 전부 사라질 수도 있겠네. 시끄러운 도시를 떠나서 햇살이 많은 자연으로 다들 옮겨 갈 테니까 말야."

😊💬 "나무나 꽃에 날개가 있다면 어떤 일이 일어날까?"

용의 특징과 거인의 특성을 조합하려는 시도는 창의적입니다. 나무와 다리와 달리기도 이질적인 조합입니다. 나무에 다리뿐만 아니라 날개까지 있다고 상상하는 것도 즐거운 일입니다. 그렇게 이질적인 것들을 조합하면 신기한 창조물이 나옵니다.

아이들이 환상동물 조합하기를 특히 좋아하는데, 교육심리학자 알레인 스타코 교수가 《교실에서의 창의성 5판》에서 소개한 아래 표를 보면 가르칠 방법을 착안할 수 있습니다.

환상동물 조합하기

머리＼몸통	개구리	돼지	다람쥐	독수리	고양이	개미
사자						
호랑이						
용						
나비						
코끼리						
악어						

위의 표를 활용하고 응용까지 하면 많은 질문을 할 수 있습니다.

😊💙 "개구리의 몸통과 나비의 머리를 더하면 어떻게 될까?"

😊💙 "개미의 몸과 코끼리의 머리를 조합하면 어떤 모습의 동물이 만들어질까?"

😊💙 "식물의 특성과 동물의 특성을 더하면 환상적인 생명체를 만들

수 있지 않을까?"

😊💬 "악어의 몸에서 꽃이 핀다면 동물들이 어떤 반응을 보일까?"

독창성 질문의 세 번째 키워드는 '뒤집기'입니다. 질문을 통해 현실과 반대되는 것을 상상해보도록 이끄는 것입니다.

😊💬 "하늘이 바다 위치에 있고 바다가 하늘에 떠 있다면 불편할까? 재미있을까? 비행기는 바다 속을 날아다녀야 할 텐데, 괜찮을 까? 우리는 파도 대신 구름을 타고 놀겠네."

😊💬 "강아지가 우리 가족들을 모아놓고 잔소리를 한다면 어떤 말을 할까?"

😊💬 "사람들이 갑자기 말을 할 수 없다면 어떤 일이 벌어질까? 글자 도 모르고, 오직 표정이나 몸짓으로만 대화를 해야 해. 선생님과 아이들도 말을 못 하면 어떤 일이 생길까?"

😊💬 "장난감들은 밤에 사람들 몰래 어떤 이야기를 할까?"

네 번째는 '득템'입니다. 꿈에 그리던 상황이나 능력이 생겼다고 상상하는 것입니다. 자유로운 상상 속에서 아이들은 신이 날 것입니다.

😊💬 "마술 램프가 생겨서 세 가지 소원을 빌 수 있다면 어떤 소원을 빌고 싶어?"

😊💬 "네게 소환 능력이 생겼어. 역사적 위인 중에서 만나서 대화하고 싶은 사람은 누구야? 세 명만 꼽아볼래?"

😊💬 "네가 마법사라면 어떤 일을 하고 누구를 어떻게 도와줄 거야?"

😊💬 "학교도 학원도 모두 사라진다면 무엇을 하면서 지낼래?"

이렇게 아이와 창의성 문답을 수다스럽게 하려면 중요한 조건이 선행되어야 합니다. 중요한 조건이란 바로 좋은 관계입니다. 당연한 말이지만, 대화를 편하게 주고받으려면 부모와 자녀 사이가 친밀해야 하죠. 다정한 부모가 좋은 교사가 될 수 있습니다.

10 동화 퀴즈로 행복해지는 방법을 알려준다

"어떻게 해야 행복할까?"

부모들의 최고 소망은 자녀가 행복하게 사는 것입니다. 대입도 취업도 행복의 조건에 불과하지, 행복보다 우선할 수는 없습니다. 학교 성적도 마찬가지고요.

아이가 행복하게 살게 하려면 어떻게 해야 할까요? 흔히 말하듯 부모가 모델이 되어야겠죠? 행동으로 행복해지는 비결을 알려주는 것입니다. 또 다른 방법도 있습니다. 말을 통해서 가르치는 것입니다. 그런데 직접적인 설명이나 지루한 강의 식으로 가르쳤다간 역효과가 나기 쉽습니다. 아이는 재미도 없고 의도가 뻔하다며 귀를 닫으려고 할 겁니다.

그러면 여기서 포기해야 할까요? 아닙니다. 마지막 방법이 남아 있습니다. 간접적으로 행복의 길을 알려주는 것입니다. 매개가 필요하겠죠? 그래서 동화가 이 세상에 존재하는 것입니다. 동화를 통해 행복론을 전하면 아이가 거부하지 않을 뿐더러 상상력이 자극되어 아이 스스로 독창적인 행복론을 찾을 길이 열립니다.

동화 퀴즈를 몇 가지 소개합니다. 행복에 필요한 몇 가지 덕목을 키워준다고 기대해도 좋은 퀴즈입니다. 먼저 지혜와 용기에 대한 퀴즈입니다.

헨젤과 그레텔이 집에 돌아간 것은 무엇 덕분일까?
(1) 지혜   (2) 행운   (3) 요정의 도움

(1)지혜가 정답이라고 할 수 있습니다. 헨젤과 그레텔은 지혜롭습니다. 부모가 자신들을 숲에 버릴 것 같으니까 놀라운 생각을 해냈어요. 하얀 돌을 모아서 길에 떨어뜨렸다가 되짚어서 집으로 돌아왔죠. 지능이 굉장히 높은 게 분명합니다. 또 남매를 잡아먹으려 했던 마녀를 속이고 물리친 것도 지혜 덕분입니다. 헨젤은 눈이 나쁜 마녀에게 뼈다귀를 내밀어 아직 잡아먹을 때가 아니라고 판단하도록 만들었습니다. 또 그레텔은 마녀를 속여 오븐에 밀어넣었죠. 아이들은 위험한 상황에서 당황하지 않고 생각하고 지혜를 짜내서 위기를 극복하고 집에 돌아와 행복하게 살 수 있었습니다. 헨젤과 그레텔은 지혜가 행복을 가져다준다는 걸 보여준 것입니다.

또한 둘은, 생각하고 해결책을 찾아내면 최악의 어려움도 극복할 수 있다는 것도 알려줍니다. 생각의 힘을 상징하는 아이들입니다.

다음 퀴즈입니다.

신데렐라와 흥부의 공통점은 무엇일까?
(1) 예쁜 외모   (2) 많은 자녀   (3) 친절

(1)과 (2)가 분명한 오답이니, (3)이 정답입니다. 둘은 몹시 친절한 캐릭터입니다. 신데렐라는 생쥐와 새 등 동물을 따뜻이 대합니다. 그래서 나중에 마차를 타고 무도회에 갈 때 동물들이 도와주죠. 지구 반대편의 흥부도 친절에서 뒤지지 않습니다. 다리 다친 제비에게 친절을 베풀었다가 부자가 된 것은 유명한 이야기입니다. 작고 힘없는 동물들을 친절히 대한 그들은 행복을 얻게 됩니다. 나쁘게 말하고 행동하는 이들이 아니라, 선량하고 친절한 사람이 행복해진다는 걸 아이들에게 알려주면 좋겠습니다.

아기 돼지 삼형제 중 막내가 형들에게 가르쳐준 교훈 2가지는?
(1) 인내심이 중요하다.
(2) 속도가 중요하다.
(3) 미래를 생각해야 한다.

답은 (1)과 (3)입니다. 막내 돼지는 집을 짓는 데 오래 걸렸지만 조바심을 내지 않고 인내했습니다. 서두르지 않고 천천히 벽돌집을 만들었죠. 그런 인내심이 나중에 안전으로 돌아왔습니다. 즉 막내 돼지는 미래를 생각해야 한다는 것을 보여주었습니다. 오늘을 편하게 쉬면 미래를 대비하기 어렵습니다. 대충 집을 짓고 나서 쉬면 오늘은 편하겠지만 미래에는 큰 불편이 찾아올 수 있는 겁니다. 미래를 생각하며 인내하는 자세가 행복의 조건이라는 사실을 아이들이 알면 얼마나 좋을까요?

이상한 나라로 간 앨리스와 인어공주의 공통점은?
(1) 용기   (2) 수영 실력   (3) 유머감각

답은 (1)이라고 할 수 있습니다. 앨리스는 말하는 토끼를 따라서 깊은 굴로 들어갔습니다. 무엇이 있을지 모르는 어두컴컴한 굴로 들어간 앨리스의 용기는 아주 대단합니다. 인어공주도 용기가 대단하기는 마찬가지입니다. 사랑하는 왕자를 찾아 낯선 인간의 땅으로 나왔으니까요.

물론 위험한 곳에 가지 말아야 합니다. 또 위험한 사람은 경계해야겠죠. 그러나 가끔은 낯선 곳으로 가서 낯선 경험을 하는 용기도 필요합니다. 앨리스와 인어공주는 안전지대를 벗어나는 용기가 있어서

굉장한 경험을 하고 사랑을 이루었습니다. 용기 또한 행복에 필요한 덕목입니다.

《미녀와야수》와 《숲속의잠자는공주》를 읽으면 알 수 있는 것은?
(1) 사랑은 영원하지 않다.
(2) 사랑은 기적을 일으킨다.
(3) 사랑은 보이지 않는다.

다 맞는 말이지만 (2)가 정답이라 할 수 있습니다. 두 이야기에서 사랑은 마법을 이겨냅니다. 야수를 왕자로 되돌리고, 100년 동안 잠자던 공주를 깨어나게 한 것은 사랑입니다. 사랑은 기적을 일으키는 힘이 있습니다. 그런데 남녀의 사랑만 기적이 아닙니다. 부모의 사랑, 형제자매의 사랑, 반려동물에 대한 사랑, 책이나 음악을 사랑하는 마음도 우리에게 행복이라는 기적을 가져다줍니다.

피터팬과 팅커벨, 안나와 올라프의 관계는?
(1) 현실 남매   (2) 연인 사이   (3) 친구 사이

쉽죠? 답은 (3)입니다. 가끔 팅커벨이 말썽을 피우지만 피터팬

과 팅커벨은 아주 가까운 친구 사이입니다. 항상 붙어 있고, 서로 돕고 보살핍니다. 〈겨울왕국〉의 안나와 올라프도 친구입니다. 올라프는 안나를 웃게 합니다. 고민에 빠진 안나에게 조언도 하죠. 그리고 안나는 올라프를 염려하고 보살펴줍니다. 애니메이션 버전에 나오는 피노키오와 작은 귀뚜라미도 유명한 친구 사이입니다. 친구가 없다면 얼마나 심심하고 쓸쓸할까요? 친구는 살아가는 내내 필요합니다. 친구 없이는 행복할 수 없어요. 우정의 가치를 아는 아이가 행복할 수 있습니다.

이외에도 많은 동화가 행복의 지혜를 이야기합니다. 《개구리 왕자》는 외모만 보고 사람을 평가해서는 안 된다는 걸 가르쳐줍니다. 《어부와 욕심쟁이 아내》는 욕심이 많으면 오히려 불행해진다는 걸 알려주고, 《백설공주》는 《신데렐라》, 《알라딘과 마술램프》 등 많은 동화가 그런 것처럼 결국 착한 사람이 행복해진다고 말해줍니다. 이처럼 동화는 행복해지는 방법을 아이들에게 알려줄 수 있습니다. 묻고 답하면 동화의 교육 효과는 더욱 높아집니다.

7
성찰 능력을
높이는 질문

성찰 능력
자신의 생각과 지식을 돌아보고
평가하는 능력

성찰 질문의 기본 패턴
"지금 어떤 생각을 하고 있니?"
"네 지식과 주장이 정말 옳을
까?"

기억　이해　활용　분석　평가　창의　성찰

메타인지
독서법

메타인지와
행복

메타인지
3단계

공부의
이유

지식의
확실성

감정
인지력

성찰 질문의
주요 키워드

긍정의
습관

지식
성장

사고의
유연성

두려움
지우기

메타인지가 행복한 아이를 만든다

> "왜 그렇게 생각하게 되었니?"

프랑스의 인지심리학자 제롬 도킥(Jerome Dokic)은 저서 《메타인지의 기반(Foundations of Metacognition)》에서 2가지 질문을 제시합니다.

> (1) "페루의 수도는 어디야?"
> (2) "너는 페루의 수도가 어디라고 생각하니?"

둘은 비슷한 것 같지만 전혀 다른 질문입니다. (1)은 지리 지식을 묻는 질문이고 (2)는 생각에 대한 질문입니다. 당연히 (1)도 필요하지만 (2)의 교육적 효과가 높은 것도 중요한 사실입니다. 좀 더 쉽게 이해하기 위해 이 질문들을 우리에게 익숙한 질문으로 바꿔볼까요?

(1)은 단순 지식을 가르쳐줍니다. (2)는 생각에 대한 질문과 설명입니다. 어느 것이 아이에게 이로울까요? 어느 쪽이 수준 높은 사고를 유도하나요? (2)라고 할 수 있습니다. (2)처럼 묻고 설명하면 아이는 자신이 왜 그렇게 생각하는지를 고민하는 등 차원 높은 사고를 경험하게 됩니다.

외부 사물이나 지식에 대해서 생각하는 건 쉽습니다. 두세 살 아이도 그런 생각은 합니다. '호주의 수도는 캔버라다'도 같은 종류의 생각입니다. 그런데 시선을 안으로 돌려서 자기 생각에 대해서 생각하는 건 어렵고도 고급스러운 인지 활동입니다. '내가 왜 시드니가 호주의 수도라고 믿게 되었을까?'라고 스스로에게 질문하는 아이가 높은 수준의 사고를 경험합니다. 이처럼 '자신의 생각을 성찰하기' 또는 '자신의 생각에 대해 생각하기'가 바로 메타인지입니다.

메타인지가 성적을 높여주는 이유

메타인지 능력은 잔기술이 아닙니다. 메타인지 능력이 있으면 높은 성적과 행복감을 얻을 수 있기 때문에 아주 중요하다고 연구자들이 이구동성으로 강조합니다.

먼저 메타인지와 학교 성적에 대해서 이야기해보겠습니다.

기억력과 이해력이 뛰어나다고 해서 꼭 공부를 잘하는 것은 아닙니다. 자기 생각을 점검하고 통제하는 능력까지 겸비해야 학습 능력이 탄탄합니다. 예를 들어, 머리는 아주 좋은데 실수로 시험 문제를 틀리는 아이들이 많습니다. 답답한 부모는 버럭 성을 냅니다.

"너는 성격이 왜 그 모양이야? 성급하게 굴지 말고 천천히 풀어."

여기서 '성급하다'는 자신의 실수 가능성을 점검하지 않고 직진한다는 의미입니다. 그런 아이에게는 브레이크가 필요합니다. 실수 위험을 감지했을 때 자신을 멈춰 세운 후에 풀이를 재확인해야 하죠. 그렇게 자신을 점검하고 통제하는 능력까지 겸비해야 정말로 스마트한 것입니다. 요컨대, 성적 향상에는 자기 통제력이 필수입니다.

위의 내용을 개념화해보겠습니다. 성적 향상에는 인지 능력뿐만 아니라 메타인지 능력도 필수입니다. 인지는 기억하고 이해하는 뇌 활동을 뜻하지만, 메타인지는 자신의 기억과 이해를 점검하는 뇌 활동입니다.

비유를 해보겠습니다. 사람의 생각에는 두 가지 층위가 있습니다. 1층에는 기억력과 이해력이 있습니다. 또 추론하고 비교하는 사고력도 곁에 있습니다. 이런 1층 생각들을 통틀어서 인지라고 합니다. 그런데 2층 생각도 있습니다. 2층 생각은 1층 생각을 내려다보며 관찰하고 감독합니다. 제대로 생각하고 있는지 살펴보는 것이죠. 이러한 2층 생각이 바로 메타인지입니다. 메타인지는 생각을 점검하는 생각입니다. 생각에 대한 생각인 것이죠.

예를 들면 이런 것이 메타인지 물음입니다.

'내가 제대로 이해하고 있나? 모르면서 그냥 넘어가는 것은 아닐까?'

'내 기억이 정확할까? 내 기억이 틀릴 수 있으니 다시 확인해보자.'

'내가 급하게 판단하는 건 아닌가? 너무 서둘러서 잘못된 판단을 한 것은 아닐까?'

어떤 아이들은 누가 가르치지도 않았는데 저절로 이런 생각들을 합니다. 그러나 이런 생각을 하지 못하는 아이들도 많습니다. 이렇듯 메타인지 능력이 부족한 아이는 지능이 아무리 높아도 실력 발휘를 제대로 하지 못합니다. 성적이 낮게 나오죠. 반면 메타인지 능력이 뛰어난 아이는 정확히 배우고 판단합니다. 문제를 풀 때에도 중간중간 브레이크를 밟기 때문에 실수가 줄어들어 지능이 월등하지 못해도 높은 성적이 나옵니다. 자신의 생각을 생각하는 까닭입니다. 그래서 메타인지 능력이 학업 성취도를 높인다고 말하는 것입니다.

질문을 통해 아이가 메타인지 능력을 높이도록 도와줄 수 있습니다.

😊😔 "오늘 배운 것을 다 이해했다고? 정말? 그래도 조금 어려운 게

있지 않을까?"

😊💬 "시험 문제를 빨리 풀고 놀고 싶었던 거니? 그래서 아는 것도 틀리면 아깝지 않아?"

😊💬 "뉴욕이 미국의 수도라고? 네 지식이 정확할까? 확실하지 않으면 찾아봐야 해."

😊💬 "이 부분에 밑줄 친 이유는 뭐지? 기억해?"

위와 같은 질문에 대답을 하다 보면 꼼꼼히 이해하고 정확히 기억하며 서두르지 않게 되니 성적이 오르고 학습 능력이 좋아지는 게 당연합니다.

메타인지는 행복감도 높여줍니다. 메타인지가 불행감에서 벗어나게 돕기 때문입니다. 불안감에 사로잡힌 아이가 있다고 가정하겠습니다. 보통은 그 원인을 모릅니다. 그래서 자기도 모르게 TV를 켜거나 게임에 빠지거나 간식을 폭식하면서 불안감을 해소합니다. 그러나 메타인지 능력이 있는 아이는 다르게 반응합니다. 스스로 이렇게 묻습니다.

'내가 갑자기 불안해졌다. 왜 불안한 걸까? 무슨 걱정을 하고 있지?'
'내가 걱정을 너무 부풀리는 건 아닐까? 아무것도 아닌 걸 뻥튀기해서 생각하는 건지도 몰라.'

자기 감정에 대해 생각하고 나면 마음이 편해집니다. 게임이나 폭식 없이 다시 행복감을 되찾을 수 있죠. 물론 자기 감정을 살피는 것은 아이에게는 어려운 일입니다. 그래서 부모의 질문이 필요합니다. 아이의 표정을 살핀 후에 이렇게 질문을 던져주세요.

- "방금까지 웃었는데 갑자기 얼굴이 어두워졌네. 그건 생각 때문일 거야. 무슨 생각을 하는 거야? 걱정이 마음속에 생긴 거니?"
- "중요한 걱정이니? 아니면 무시해도 되는 걱정이니?"
- "불안해 보인다. 뭘 불안해하는 거지? 아빠가 맛있는 간식을 준비하는 동안 생각해볼래?"

화가 난 아이에게도 똑같이 질문할 수 있습니다.

- "지금 네 감정은 어떠니? 혹시 분노가 폭풍처럼 몰아치는 거니?"
- "너는 왜 화가 났을까? 그 이유를 알겠니? 이유만 알아도 화가 조금은 풀린단다."

질문을 통해 아이가 자신의 감정에 대해 생각하도록 유도하는 것입니다. 메타인지 능력을 높이는 물음들이죠. 이런 마음 깊은 질문 덕분에 아이가 불행감을 빨리 떨치고 다시 행복해질 수 있습니다. 그렇게 메타인지 능력은 높은 성적과 행복한 삶을 가져다줍니다.

아이의 생각을 존중해야 하는 이유

메타인지 능력을 키워주기 위해서는 위에서 예로 든 질문들도 중요하지만 또 다른 필요조건이 있습니다. 바로 자녀의 생각을 존중하는 것입니다. 잡념까지도 무시해선 안 됩니다.

예를 들어, 식탁에서 공상에 빠진 아이에게 부모는 뭐라고 하는 게 좋을까요?

(1) "딴생각 그만하고, 밥이나 먹어."
(2) "무슨 생각하니? 그런데 왜 그런 생각을 하게 되었을까?"

(1)은 자녀의 생각을 무시합니다. 머릿속 생각은 가치가 없으니 싹 지워버리라는 명령입니다. (2)는 다릅니다. 아이의 생각을 무시하지 않습니다. 오히려 관심을 갖습니다. 엄마 아빠가 궁금해하면 자녀는 '내가 이 생각을 왜 할까?' 생각하고 성찰할 것입니다. 이것이 메타인지의 싹입니다. 그 싹이 나무로 자라게 하는 건 부모의 좋은 질문입니다.

😊💙 "왜 너는 그런 결론을 내렸을까? 다르게 생각할 수는 없을까?"

😊💙 "이 생각은 가치가 있을까? 의미 없는 잡념이 아닐까?"

😊💙 "이 생각이 시급한 걸까? 뒤로 미루면 안 될까?"

😊💬 "더 효율적으로 생각할 수는 없니?"

😊💬 "이 생각은 너를 행복하게 하는 생각일까? 아니면 불행하게 만
드는 잡념일까?"

메타인지 능력을 가진 아이는 마음을 정돈할 수 있어 행복합니다. 차분하고 정돈된 마음을 갖습니다. 부모의 따뜻하고 전략적인 질문이 아이에게 행복을 선물할 수 있습니다.

2 메타인지 3단계 훈련

"더 재미있게 놀려면 어떤 계획을 세워야 할까?"

아이가 학원에서 볼 영어 시험 공부를 해야 합니다. 어떤 말로 도와줘야 할까요?

(1) "열심히 해. 아주 열심히. 알았지?"
(2) "공부 계획은 세웠니? 네가 자신 없는 내용은 뭐니? 그것에 집중하면 점수가 오를 거야."

(1)처럼 독려해도 좋지만 막연한 느낌이 있습니다. (2)는 공부법을 구체적으로 알려주고 있어서 아이는 문법 중 어느 부분이 취약한지 판단한 후에 노력을 집중하게 될 것입니다.

그런데 아이가 시험을 망쳤습니다. 이때 부모가 해서는 안 되는 말은 어느 것일까요?

(1) "공부를 안 하니까 점수가 떨어지지. 정신 좀 차려라, 제발."
(2) "왜 점수가 낮게 나왔을까? 그 이유는 생각해봤니?"

대부분은 (1)처럼 말하며 울화통을 터뜨립니다. 속은 잠깐 시원할 겁니다. 하지만 반드시 후회할 말이죠. (2)는 이 악물고 내공을 쌓은 부모가 할 수 있는 질문으로, 공부법이나 태도에 문제가 있었던 건 아닌지 성찰하도록 만듭니다. 문제점을 찾아낸다면 다음 시험 성적이 향상될 거라 기대할 수 있죠.

그런데 굳이 부모가 개입할 필요가 없다면 더 좋을 겁니다. 아이가 스스로 공부 계획을 세우고 나중에 평가까지 스스로 한다면 완벽하겠죠. 그렇게 되도록 도우려면 메타인지 3단계를 기억할 필요가 있습니다.

메타인지 3단계는 계획-점검-평가인데, 각 단계들이 서로 연결되어 순환되는 구조입니다. 가장 먼저, 계획을 세웁니다. 그다음엔 계획을 실행하면서 스스로 점검을 합니다. 마지막은 실행 결과에 대해 평가를 합니다.

시험 공부 계획을 세우고 실행하는 상황을 설정해보겠습니다. 역

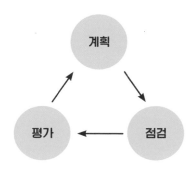

시 메타인지 3단계를 거치는데, 각 단계마다 스스로 자신에게 해야 하는 질문이 있습니다.

메타인지 단계	나에게 하는 질문
계획	• '공부 목표는 뭐지? 시험 점수를 올리는 게 나의 목표다.' • '나는 목표에 맞게 계획을 세우고 있나?' • '각 과목마다 시간이 얼마나 필요할까?'
점검	• '지금 무엇을 위해 공부하고 있지?' • '나는 집중을 잘하고 있나?' • '공부 계획을 변경해야 할까?'
평가	• '무엇을 잘했고 무엇을 잘못했지?' • '성적이 많이 올랐다. 그런데 어떻게 공부했기 때문에 잘된 걸까?' • '아직도 부족하다. 누구 또는 어디에서 도움을 받아야 할까?'

아이가 스스로 저런 질문을 한다면 얼마나 좋을까요? 그렇게 성장하기 전까지는 부모가 직접 물어봐주면 됩니다.

우선, 계획을 세우는 아이에게는 이렇게 질문합니다.

😊💬 "네가 가장 약한 과목이 뭐라고 생각하니?"

😊💬 "수학을 더 잘하려면 어떤 계획을 세워야 할까?"

😊💬 "어느 단원에 더 많은 시간을 할애해야 할까?"

계획에 따라 공부하는 아이에게는 이렇게 물을 수 있습니다.

😊💬 "계획대로 공부하고 있다고 생각하니?"

😊💬 "의지가 약해지거나 마음이 조급하지는 않니?"

😊💬 "불안감 때문에 공부를 방해받고 있지는 않니?"

결과가 나왔다면 평가를 해야겠죠.

😊💬 "왜 시험 점수가 높게 나왔을까? 그 원인이 뭐라고 생각하니?"

😊💬 "점수가 떨어졌구나. 이유가 뭘까?"

😊💬 "미래의 너에게 편지를 써볼래? 다음에는 공부를 이렇게 하라
고 조언하는 편지를 스스로에게 쓰는 거야. 재미있겠지?"

그런데 꼭 공부에만 국한시킬 이유는 없습니다. 방학에 독서를
할 때도 마찬가지로 적용할 수 있습니다. 되는 대로 책을 집어서 읽을
게 아니라 3단계로 생각하는 게 좋습니다. 즉 독서 계획을 세운 후에,
계획대로 잘 진행되는지 중간중간 점검하고, 맨 마지막에는 계획이

잘 이루어졌는지를 평가합니다.

즐겁게 놀 때도 3단계 생각을 해야 더 즐겁습니다. 부모가 아래와 같이 질문해주면 아이는 놀이의 리더가 될 수 있겠죠.

- "다음 주에 친구들과 모여 놀 때 뭘 하면 재미있을까? 계획을 세웠니?"
- "친구들과 상의하고 있어? 어떤 걸 가장 많이 원해?"
- "오늘 친구들과 재미있게 놀았니? 재미가 있었다면 왜야? 또 어떤 것 때문에 재미가 없었어?"
- "다음에는 어떻게 해야 더 재밌고 신나게 놀 수 있을까? 생각해 봤니?"

공부든 놀이든 계획-점검-평가의 과정을 거치는 건 다 똑같습니다. 3단계로 생각하고 질문하면 공부와 놀이 모두 잘할 수 있게 됩니다.

3 확실히 알고 있는지 확인한다

"어려운 것은 무엇이고 쉬운 것은 뭐였니?"

메타인지 연구자들이 강조하며 추천하는 질문이 있습니다. 지식의 확실성에 대한 질문입니다. 아이에게 정확히 아는지 여부를 묻고 확인하라는 것입니다. 예를 들어 5학년 수학을 배운 아이에게 엄마가 물어봅니다.

> 엄마: "요즘 합동과 대칭을 배우지? 잘 모르는 거 없니?"
> 아이: "선대칭 도형은 쉬운데 점대칭 도형은 이해를 못 하겠어요. 더 공부해야 할 것 같아요."

이 아이는 대단합니다. 자기 머릿속을 들여다보면서 이 지식은 정확하고 저 지식은 부정확하다고 판단을 내렸습니다. 자기가 아는 것에 대해서 생각한 것이죠. 바로 메타인지 능력을 발휘한 것입니다. 이런 아이는 부족한 것 중심으로 효율적으로 공부할 테니까 성적 향상의 가능성이 높습니다. 이와 반대인 경우가 문제입니다. IQ가 아무리 높아도 자기 지식의 정확성을 평가할 능력이 없으면 학습 효율은 떨어지니까요. 이럴 땐 부모의 계산된 질문이 필요한데, 질문의 예는 아래와 같습니다.

- "네가 확실히 아는 것과 애매한 것을 구별해볼래?"
- "100% 아는 것과 50%만 아는 것을 하나씩 말해줄 수 있겠니?"
- "영어 단어 중에서 잘 외워지지 않는 게 어떤 거지?"
- "오늘 배운 것 중에서 어려운 것은 무엇이고 쉬운 것은 뭐였니?"

동화책을 읽은 후에도 같은 종류의 질문을 할 수 있습니다.

- "이 동화책에서 네가 모르는 낱말이 몇 개나 있었니?"
- "장화 신은 고양이가 왜 왕을 속였는지 그 의도를 이해하기 어렵지?"
- "쉽게 이해되는 부분과 이해 안 되는 부분을 나눠서 말해볼래?"

질문과 함께 부모가 직접 경험한 이야기를 아이에게 해주는 것 역시 효과적입니다. 다음과 같은 유형이면 됩니다.

"글을 하나 읽었는데 이 부분은 이해가 되고 다른 부분은 이해가 안 되더라. 그래서 인터넷 검색을 해서 모르는 걸 알아냈지. 기분이 아주 좋았어."

자기 지식의 정확성을 평가한 후에 정확히 알지 못하는 부분은 추가 공부를 통해 보완했다는 이야기입니다. 부모의 체험담을 들은 아이는 '엄마처럼' '아빠처럼' 하고 싶어질 것입니다.

사랑스러운 아이들도 피할 수 없는 삶의 철칙이 있습니다. 아는 것이 쌓이면 실력이 되지만 모르는 게 쌓이면 덫이 되어 꿈을 펼치려는 아이의 발목을 잡을 수 있다는 것이죠. 그래서 불확실한 지식이 누적되지 않게 도와주어야 합니다. 자신이 무엇을 모르는지 파악한 후에 도전해서 익히는 습관을 가져야 자신감 넘치는 어른으로 자랄 수 있습니다.

습관처럼 해온 질문을 바꿔보세요. "오늘 공부 열심히 했니?" 대신 "오늘 배운 것 중에서 어려운 것은 무엇이고 쉬운 것은 뭐였니?"라고 물어보세요.

4 긍정적인 해석으로 긍정과 희망의 습관을 길러준다

"마음속에 어떤 생각이 노래하고 있니?"

누구나 예상치 못한 어려움을 겪습니다. 그러면 마음은 혼란스럽고 괴로워지죠. 이럴 때 좋은 대응법은 자기 마음 살펴보기, 즉 메타인지적 성찰입니다. 미국의 심리학자 도나 윌슨(Donna Wilson)은 마커스 콘여스(Marcus Conyers)와 함께 쓴 책 《학생들에게 두뇌 사용법 가르치기 (Teaching Students to Drive Their Brain)》에서 4가지를 성찰해보라고 말합니다.

(1) '난 지금 어떤 상황에 있지?'
(2) '내가 상황을 어떻게 해석하고 있나?'
(3) '나의 상황 해석이 기분과 행동에 어떤 영향을 미치고 있지?'
(4) '어떻해야 이 상황에서 긍정적 태도를 취할 수 있을까?'

요약하면, 마음을 살핀 후에 상황을 긍정적으로 해석하라는 의미입니다. 예를 들어, 치명적인 병에 걸려도 그 상황을 긍정적으로 생각해야 남은 시간을 의미 있게 쓸 수 있습니다. 반대로, 병에 걸린 자신의 신세를 한탄하며 상황을 부정적으로 받아들이면 가족까지 힘들게 하다가 세상을 떠나게 됩니다. 긍정하는 것이 훨씬 이득입니다.

작은 시련도 다르지 않습니다. 아이가 수학을 싫어해서 갈수록 점수는 떨어지고 관심도 줄어드는 경우, 부모는 괴롭기 마련입니다. 그런데 그런 어두운 감정은 '해석' 때문입니다. 해석을 긍정적으로 바꾸면 마음이 밝아지고 희망도 보입니다. '아이의 수학 기피증을 일찍 발견했으니 고칠 가능성이 아직 충분하다'고 해석하거나, 문과적 재능을 키우는 방향으로 해결책을 찾으면 희망이 보입니다. 자녀 교육에서는 긍정과 희망이 훨씬 이득입니다. 부정하고 절망하는 부모는 자녀 교육에 실패하게 되어 있거든요.

긍정과 희망의 습관만 심어줘도 자녀 교육에서 성공합니다. 그런데 어떻게 가르쳐야 할까요? 도나 월슨이 책에서 제시한 4가지 성찰 질문들이 좋은 처방이 됩니다. 아이에게 자기 마음을 살피게 하고 긍정적인 해석을 하도록 독려하는 것입니다.

아이가 친한 친구와 다툰 후 슬퍼하고 있다면 이렇게 말해주는 것입니다.

💬 "친구와 다퉜다고? 사소한 문제 때문에 속상해하지 마. 괜찮아

질 거야. 맛있는 간식을 해줄 테니까 힘내."

😊💬 "친구와 다퉜다고? 그래서 네 마음속에 뭐가 있니? 슬픔이 가득
해? 친구와 멀어질 것 같아서 걱정이야? 그런데 다투는 게 꼭 나
쁘지는 않아. 서로의 마음을 잘 알게 되니까. 그래서 더 친해질
수 있는 거야. 희망을 가져. 분명히 친구와 화해하고 더 가까워
질 거야."

위의 말도 애틋하지만 두 번째 말이 훨씬 사려 깊습니다. 먼저
아이가 자신의 마음을 살펴보게 한 뒤에, 상황을 긍정적으로 해석하
는 게 중요하다고 알려주고, 희망을 가질 것을 권했습니다. 두 번째
말은 아이에게 자기 마음을 밝게 통제하는 연습을 시키는 효과를 냅
니다. 이런 방식의 양육을 몇 년만 지속하면 아이는 긍정과 희망의 습
관을 갖게 될 테고, 자녀 교육은 성공하게 될 것입니다.

긍정과 희망을 심어주기 위한 질문은 반복해서 하면 됩니다.

😊💬 "지금 마음이 어떠니? 긍정적으로 생각하고 있니? 혹시 나쁘게
만 보는 거 아냐?"

😊💬 "오늘 급식이 맛없었다고? 영양사 선생님이 원망스러워? 그런
데, 영양식이어서 달지 않고 맛없게 느껴졌던 거야. 엄마는 영양
사 선생님이 너희를 정말 사랑하신다고 생각해."

😊💬 "네 마음에 어두운 실망이 가득하니? 밝은 희망을 마음에 심으

면 어떨까?"

😊😉 "영어 공부가 힘들다고? 꼭 나쁜 일은 아니야. 자전거도 넘어지고 다친 후에야 배울 수 있었지? 이 고비만 넘기면 너는 영어를 훨씬 잘하게 될 거야."

😊😉 "마음의 소리를 들어봐. 어떤 생각이 큰 목소리로 노래 부르고 있니? 슬픈 생각이 소리치게 놔둬선 안 돼. 기쁘고 밝은 생각에게 마이크를 줘야 해. 할 수 있겠니?"

특별할 게 없는 질문이지만 효과는 큽니다. 매사에 긍정과 희망을 찾아내는 중요한 능력이 아이에게 생길 테니까요.

동화를 매개로 같은 메시지를 줄 수도 있습니다.

😊😉 "《오즈의 마법사》에 나오는 도로시는 대단하지 않니? 토네이도가 도로시를 낯선 곳으로 날려보냈지만 도로시는 희망을 끝까지 버리지 않았어. 집에 돌아갈 수 있다고 믿었고, 그 믿음은 결국 이루어졌어. 만일 도로시가 좌절하거나 절망했다면 집에 돌아갈 수 있었을까?"

😊😉 "곰돌이 푸가 아침에 일어나서 맨 먼저 하는 생각이 뭔지 아니? '오늘 아침은 뭘 먹을까'야. 책에 그렇게 나와 있어. 푸는 매일 맛있는 걸 먹고 즐겁게 지낼 수 있다고 밝게 생각해. 참 귀엽지 않니?"

세상과 자신을 부정적으로 보는 아이로 키울 수는 없습니다. 습관적으로 절망하는 아이를 원하는 부모도 없습니다. 긍정과 희망이 가득한 아이로 키우는 게 자녀 교육의 최고 목표라는 걸, 우리 부모들은 왜 자꾸 잊어버릴까요?

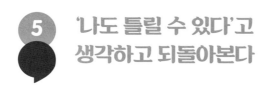

5 '나도 틀릴 수 있다'고 생각하고 되돌아본다

"네 생각만 옳을까?"

부모의 좋은 질문은 사랑하는 자녀가 좌절감, 고립감, 분노 등의 감정에서 벗어나게 도와줄 수 있습니다. '나도 틀릴 수 있다'고 믿으며 성찰하는 아이가 대인관계는 좋고 실망이나 분노는 적을 것입니다.

먼저 퀴즈를 하나 풀겠습니다. 친구와 의견 충돌이 일어나서 속상한 우리 아이에게 뭐라고 말해줘야 할까요?

(1) "걔는 친한 친구면서 왜 네 의견에 반대하는 거야? 너무하는 것 아니니?"

(2) "엄마도 너무 속상하다. 그런데 걔는 왜 네 의견에 반대하는 걸까?"

(1)처럼 편들어주고 공감하면 아이가 위로를 얻습니다. 그리고 (2)처럼 이성적이면 아이가 지혜를 얻습니다. 당연히 위로도 필요하지만, 여기서는 후자에 대해서만 이야기하겠습니다.

사람은 누구나 자신이 옳다고 생각합니다. 그건 잘못이 아닙니다. 오히려 자기 판단과 주장을 긍정하지 못하는 게 마음의 병입니다. 그런데 모두 아는 것처럼, 자기만 옳다고 생각하면 고통이 시작됩니다. 의견 충돌을 견디지 못해서 대화를 피하게 되고, 작은 갈등이 생긴 친구와는 관계를 폐기해버립니다. 또 '정당하고 옳은' 자신에게 반대하는 세상이 미워서 화가 치밀어 오르죠. 이처럼 자신만 옳다고 믿는 사람은 외롭고 분노 많은 삶을 살아갑니다.

사랑하는 우리 아이가 그런 삶을 살지 않도록 방법을 알려줘야 하겠습니다. 방법은 복잡하지 않습니다. "너도 옳을 수 있지만 반대하는 친구도 옳을 수 있다"고 말해주는 것입니다. 또 "친구가 틀릴 가능성이 있듯이 너 또한 틀릴 수 있다"고 일러주는 것이죠.

😊💬 "아기 돼지 삼형제를 잡아먹으려고 한 늑대는 아주 못된 동물일까? 사실 늑대에게도 어쩔 수 없는 사정이 있어. 늑대는 풀을 먹고 살아갈 수 없어. 생명을 유지하려면 할 수 없이 다른 동물을 사냥해야 해. 새끼가 있는 엄마 늑대는 젖을 주기 위해 사냥을 하지 않을 수 없지. 아무리 나빠 보이는 동물도 잘 생각해보면 이해 못 할 것이 없어."

😊💬 "네 친구는 왜 네 의견에 반대를 할까? 그렇게 생각한 이유가 있을 거야. 함께 추리해볼까? 물론 직접 만나서 왜 그렇게 생각하는지 이유를 물어볼 수도 있어."

😊💬 "항상 옳은 판단만 하는 사람이 세상에 한 명이라도 있을까? 누구나 잘못 판단할 수 있어. 잘못된 판단은 부끄러운 일이 아니야. 친구도 너도, 그리고 엄마 아빠도 잘못 생각할 때가 있단다."

😊💬 "네 생각과 정반대인 생각이 옳다면 어떡하지?"

나의 생각이 옳은지 성찰하는 태도가 아이를 행복하게 합니다. 아울러 성적도 올려줄 수 있습니다. 아이들은 자신의 공부법이 옳다고 근거도 없이 믿죠. 그래서 문제점을 찾지 못하고 개선의 기회도 놓치기 쉽습니다. 많은 연구자가 강조합니다. 자신의 공부법이 틀리지 않았나 되돌아보도록 아이를 가르쳐야 한다고요. 이렇게 물어보면 되겠습니다.

😊💬 "지금의 공부법에는 문제가 없을까?"

😊💬 "숙제를 먼저 하고 TV를 보는 게 기분 좋을까? 아니면 숙제를 나중에 하는 게 더 행복할까? 하기 싫은 걸 먼저 하는 게 현명할 것 같다."

😊💬 "친구들은 어떻게 공부하니? 친구를 무조건 따라하자는 게 아니라 좋은 점을 본받으면 너에게 이로울 것 같다."

자신만 옳다고 믿는 사람은 좌절감과 고립감을 느끼고 때로는 분노에 휩싸이게 됩니다. 반면 나도 틀릴 수 있다고 생각하는 사람은 마음이 여유롭고 밝습니다. 자신의 문제점이나 한계를 되돌아보도록 아이를 가르쳐야 하는 이유입니다.

6 미래에 대한 두려움을 걷어낸다

"네가 실패할 걸 네가 어떻게 알지?"

미래에 대한 두려움이 큰 아이는 행복할 수 없습니다. 학업에서도 능력을 온전히 발휘하지 못합니다. 실패할 거라는 두려움이 크면 아무리 명석한 아이도 잠재력을 모두 펼치지 못할 테니까요.

　미국의 언론인이자 작가인 워렌 버거(Warren Berger)는 저서 《아름다운 질문 책(The Book of Beautiful Questions)》에서 '실패의 두려움을 이기는 용감한 질문'을 소개했는데, 알아두면 여러모로 도움이 될 것 같아 여기에 옮겨 적습니다.

　　'실패하지 않는 게 확실하다면 나는 무엇을 어떻게 할까?'
　　'실패하면 어떤 최악의 상황이 벌어질까?'
　　'최악의 상황을 내가 극복할 수 없을까?'

'만일 성공한다면 내 마음이 얼마나 기쁠까?'

아이들도 수많은 도전을 합니다. 수영을 시작하는 것도 도전이고 피아노 학원에 등록하는 것도 도전입니다. 또 영어나 수학을 공부하거나 두꺼운 책을 읽는 것도 쉽지 않은 도전입니다. 이런 도전에 나서기를 꺼리는 아이들의 마음속엔 같은 것이 자리 잡고 있습니다. 바로 두려움입니다. 실패할 것 같고 견디지 못할 것 같아서 무서운 겁니다.

새로운 도전을 하지 않으면 살아가는 재미가 줄어듭니다. 실력이 늘어날 확률도 줄어들고요. 그러니 아이가 두려움을 이기고 도전하도록 도와주어야 합니다. 이렇게 질문하면 아이는 마음속의 두려움과 당당히 마주하게 될 것입니다.

- ☺️💬 "왜 너는 공부를 못할 거라고 생각하지? 근거를 세 가지만 말해줘."
- ☺️💬 "최악의 경우 성적이 좀 낮게 나오기밖에 더 하겠어? 그래봐야 너에게 큰 피해도 없어."
- ☺️💬 "공부를 일찍 포기하는 건 너무 아깝지 않니? 너에게는 극복할 힘이 없을까?"
- ☺️💬 "만일 성적이 조금이라도 오르면 네 기분은 어떨까? 아주 기쁘겠지? 상상을 해봐."

위인이나 유명인 이야기를 해줘도 좋을 것 같습니다.

😊💬 "저 아이돌은 성공하기 전에 미래가 두렵지 않았을까? 아니야. 무서웠을 게 분명해. 성공한다는 보장이 전혀 없으니 불안했을 거야. 하지만 꿈을 포기하지 않았고, 그래서 결국 성공하게 된 거야."

😊💬 "이순신 장군은 무섭지 않았을까? 6학년 국어 교과서에도 나오는 이야기야. 이순신 장군은 명량해전 때 13척의 배로 133척의 일본 배를 물리쳤어(처음에는 12척이었는데 나중에 1척이 더 합류돼). 누가 봐도 이순신 장군이 패배하고 생명까지 잃을 수 있는 무모한 전투였지. 무섭지 않았을까? 심장이 떨리고 다리가 후들거리지 않았을까? 사람이니까 당연히 무서웠겠지. 하지만 두려움을 이겨냈어. 두려움 속에서도 용기를 잃지 않았기 때문에 이순신 장군은 위대한 지도자가 될 수 있었던 거야."

도전을 앞두고 두렵지 않은 사람은 없습니다. 그러나 자신의 두려움을 마주해서 살피면 두려움이 줄어듭니다. 혹시 과장하는 것은 아닌지, 근거도 없이 실패를 확신하는 것은 아닌지 성찰하는 동안 두려움이 줄어들고 마음은 화창해질 것입니다. 유명한 대중 스타나 이순신 장군도 두려움을 이기고 성공했다고 말해주면 아이는 더 큰 용기를 갖게 될 것입니다.

아이가 미래로 신나게 달려가게 하려면 아이에게 '미래의 나'에 대해서 가르쳐주는 게 좋습니다. 현재의 나와 미래의 나를 구분하도록 만드는 질문이 있습니다.

> 🙂💬 "1년 후 너는 무엇을 가장 후회할까?"
> 🙂💬 "1년 후 너는 무엇을 가장 자랑스러워할까?"

미래를 통제할 수 있다는 자신감을 심어줄 필요도 있습니다.

> 🙂💬 "미래는 네가 마음대로 결정할 수 있다는 거 아니?"
> 🙂💬 "너의 춤 실력이 왜 좋아졌다고 생각해? 몇 달 동안 땀 흘리며 노력했기 때문에 너의 춤 실력이 좋아진 거야. 기쁘지? 어제의 고생이 오늘의 기쁨으로 변한 거란다. 미래도 마찬가지야. 춤이건 공부건 지금 힘들게 노력하면 미래에는 기쁨을 느끼게 될 거야."

아이가 노력하지 않는 건 미래가 두렵기 때문입니다. 게을러서가 아니라 두려워서 노력을 기피하는 것입니다. 도전하면 오히려 큰 상처를 받을까봐 무서운 것이죠. 밝은 미래를 상상하도록 부모님이 도와주면 아이는 몰라보게 성실해질 것입니다.

지식 성장을 실감한 아이가
배움을 사랑한다

"이 책을 읽고 알게 된 게 뭐야?"

아이들은 매일 새로운 것을 배웁니다. 놀랍고 기쁜 일이죠. 하지만 아이들은 자신의 지식이 나날이 쌓이는 걸 실감하지 못합니다. 내면의 변화를 지켜보는 건 어른도 그렇지만 아이들에게는 더더욱 어려운 일이니까요. 이럴 땐 부모의 계획된 질문이 아이의 자기 관찰을 유도할 수 있습니다.

- "이 책을 읽고 나서 새롭게 알게 된 것은 뭐야?"
- "책을 읽기 전에는 몰랐지만 읽고 나서는 알게 되어 기뻤던 내용은 뭔지 말해줄 수 있겠니?"
- "오늘은 학교에서 놀라운 지식을 또 얼마나 배웠니?"

아이로서는 대답하기 막연할 수도 있습니다. 그러면 학습 내용을 알아본 후에 구체적으로 물어보면 됩니다. 예를 들어 2학년 국어 교과서에는 서로 칭찬하고 칭찬에 화답하는 방법이 나옵니다. 칭찬의 대상은 3가지입니다. 친구가 노력했거나, 고마웠거나, 잘하는 것이죠. 화답 방법도 3가지로 정리되어 있습니다. "칭찬해줘서 고맙다"라고 답하든가, 겸손을 표하든가, "너도 잘한다"라고 칭찬으로 갚으면 되는 것입니다. 또 '칭찬할 때는 진심으로 칭찬하고, 단점과 장점을 동시에 지적하면 그건 칭찬이 될 수 없다'는 설명도 나옵니다.

아이들은 이 대단한 걸 학교에서 배웁니다. 십수 년이 지나 교과서가 바뀌고 아이가 어른으로 성장해도 기억해야 할 중요한 내용들이죠. 이렇게 물어보면 어떨까요?

> 😊💬 "오늘 칭찬하는 방법에 대해서 배웠지? 굉장히 중요한 지식을 배운 거야. 오늘 아침에는 몰랐는데 학교에 다녀오니 그런 지식을 알게 되었어. 너는 굉장히 성장한 거야. 축하해. 배운 대로 아빠를 칭찬해줄 수 있겠니?"

이렇게 말해주면 아이는 자신에게 중요한 지식이 쌓였다는 걸 느낄 것입니다. 그리고 지식 욕구의 불씨가 더 커지겠죠. '아하, 내가 교과서와 책 덕분에 지식이 더 쌓였구나'라고 자각한 아이는 공부와 독서에 빠져드는 게 당연합니다. 또한 학교 다니는 걸 보람 있는 일이라고 믿고, 책을 사랑하게 될 것입니다. 아이의 인생을 바꿀 근본적인 변화입니다.

화분에 심은 식물의 새싹이 자라는 걸 관찰하듯 아이가 지식의 성장을 스스로 지켜볼 수 있어야 합니다. 그렇게 자신의 지식을 관찰하는 힘이 바로 메타인지 능력입니다. 부모의 질문이 그런 힘을 키워주고 긍정적인 학습 태도를 갖게 할 수 있습니다.

더 나아가 부모가 질문만 하지 말고 시범을 보인다면 더 효과적입니다. 읽기와 생각하기를 통해 부모의 지식도 자란다는 걸 알려주는 것입니다. 이렇게 이야기해주면 됩니다.

😊💬 "우리 몸엔 박테리아(세균)가 얼마나 있을까? 아무리 깨끗이 관리해도 사람 피부에는 1조 마리의 박테리아가 산다는 걸 《거의 모든 것의 역사》를 보고 알았어. 이 코딱지만 한 1제곱센티미터(cm^2) 피부에 박테리아 10만 마리가 넘게 사는 거야. 무섭지? 그런데 걱정하지 마. 해로운 박테리아보다 이로운 박테리아가 훨씬 많으니까."

😊💬 "탄소중립을 아니? 사실 엄마는 탄소중립의 뜻을 몰랐어. 많이 듣기는 했지. 그런데 언론 기사를 읽고 알게 되었어. 기업이나 사회가 이산화탄소를 배출한 만큼 이산화탄소를 줄이면 이산화탄소의 총량을 중립 상태로 만들 수 있다는 걸 말야. 숲을 만들고 태양광 같은 재생에너지를 활용하는 것이 대표적인 방법이

야. 그러면 지구온난화를 막을 수 있어. 탄소중립은 아주 중요한 개념이더라."

위의 예에서 부모는 아이에게 지식 성장의 경험을 들려주고 있습니다. 이처럼 책을 읽기 전과 후에 지식이나 시각이 어떻게 달라졌는지를 자주 이야기하는 부모가 아이의 지식 욕구를 자극합니다. 책을 읽기 전이나 등교 전에 이런 질문을 하는 것도 추천합니다.

- 😊💬 "이 책을 읽으면 뭘 배우게 될까?"
- 😊💬 "이 책을 읽으면 어떤 즐거움을 얻게 될까?"
- 😊💬 "오늘 학교에서 공부한 후에 너는 어떻게 달라질까?"
- 😊💬 "학교에는 아주 영양가 높은 게 너를 기다리고 있다는 거 아니? 놀랍고 신기한 지식이 네가 오기만을 기다리고 있어. 네 마음을 튼튼하게 만들어줄 거야."

물론 아이들이 귀찮아할 수 있는 질문이고 설명입니다. 저의 강조점은 자기 발전 감각을 아이에게 심어줘야 한다는 데 있습니다. '오늘 나는 조금이라도 발전할 것이다'라고 믿는 아이는 하루를 아껴 쓰게 되겠죠. 또 책을 읽은 후에 자신이 달라지리라 기대하는 아이가 더 오래 독서할 수 있습니다. 그런 자기 발전 감각의 씨앗을 아이에게 심어주는 농부가 바로 부모입니다.

8 감정 질문이 아이의 감정 인지력을 높인다

"책을 읽는 동안 무섭거나 놀라지는 않았어?"

아이에게 책을 많이 읽히기만 하면 될까요? 다독한 아이는 저절로 지식이 늘고 감성이 풍성해지며 나날이 현명해질까요? 아닙니다. 생각하면서 읽어야 합니다. 생각 없는 독서는 영양분이 없습니다.

그런데 그 생각이란 게 뭘까요? 글 속의 메시지가 무엇인지 생각하는 것도 중요합니다. 비판적인 독서도 의미 있습니다. 여기에 자신의 감정에 대해서 생각하는 태도까지 겸한다면 더할 나위 없습니다. 책을 읽는 동안 자신의 감정 변화를 감지한다면 독서 경험이 섬세해지기 때문입니다.

자신의 감정을 생각하며 하는 독서 태도도 부모의 질문을 통해 기를 수 있습니다. 물어볼 것은 훨씬 더 많겠지만 여기서는 6가지 감정으로 간추렸습니다. 놀람, 슬픔, 기쁨, 감동, 무서움, 안도입니다.

😊💬 "깜짝 놀랄 이야기는 없었어?"

😊💬 "가장 슬펐던 장면은 어디야?"

😊💬 "어느 부분이 제일 기뻤니?"

😊💬 "가슴이 뭉클한 일은 뭐였어?"

😊💬 "무서워서 떨리지는 않았어?"

😊💬 "어떤 때 마음이 편하게 놓였니?"

위의 질문에 아이가 이렇게 답한다면 이상적입니다.

"팬더가 하루에 16시간 동안 먹는다고 해서 아주 놀랐어요."

"성냥팔이 소녀가 성냥불을 켜고 행복한 상상을 할 때 너무나 슬펐어요."

"요정이 나타나 신데렐라에게 마차를 선물했을 때 저도 무척 기뻤어요."

"하이디가 클라라의 편지를 크게 읽을 때 저도 감동했어요."

"앨리스가 토끼 굴에 들어갔다가 깊이 떨어질 때 너무 무서웠어요."

"헨젤과 그레텔이 집으로 돌아왔을 때 저도 안심이 되었어요."

위와 같은 문답은 큰 역할을 합니다. 감정 교육과 다름없습니다. 내 마음속에 어떤 기분이 피어나고 소용돌이치는지 느끼게 가르치는 것입니다. 자기 감정을 알아야 감정 조절을 할 수 있고 행복감이 높아집니다. 감정 조절은 공부 능력의 기초이기도 합니다. 책을 읽으면서 책 내용을 분석하는 것도 좋지만, 아이 자신의 감정에도 주목하도록 이끌어야 하는 이유입니다.

질문을 몇 가지 더 예로 들어보겠습니다.

😊💛 "대왕오징어에 대한 글에서 가장 놀랐던 게 뭐야?"
😊💛 《찰리와 초콜릿 공장》에서 어디가 가장 기뻤니?"
😊💛 《엄지공주》에서 가장 무서웠던 장면은 뭐니?"

아이는 이렇게 대답할 수 있습니다.

"대왕오징어가 맛이 너무 없어서 먹을 수 없다는 내용을 보고 놀랐어
요. 오징어는 다 맛있는 줄 알았거든요."
"밥도 굶고 사는 찰리가 초콜릿 공장 입장권을 받았을 때 저도 무척
기분이 좋았죠."
"두꺼비가 엄지공주를 납치했을 때는 너무 무서웠어요. 참 나쁜 동물
이에요."

자녀의 감정 교육을 위해서는 부모의 또다른 노력이 필요합니
다. 감정을 다양하고 정확히 표현해 보인다면 더욱 좋을 것입니다. 두
리뭉실하게 "기쁘다", "슬프다"라고만 하지 말고 좀 더 섬세하게 말해
주는 것이죠. 예를 들어보겠습니다.

☺♥ "오늘 너는 기뻤니? 마음이 뿌듯했니? 즐거웠니? 기분 좋았니? 신났니? 하늘을 날 것 같았니?" (기쁨)

☺♥ "그때 너는 슬펐니? 가슴이 답답했니? 마음이 무거웠니? 억울했니? 우울했니? 서러웠니? 외로웠니? 눈물이 맺혔니?" (슬픔)

☺♥ "친구들 앞에서 노래하는 게 떨렸니? 아주 무서웠어? 두려웠니? 숨고 싶었니? 섬뜩했니? 겁났니? 팔다리가 굳은 것 같았니?" (무서움)

☺♥ "영화 속 나쁜 사람이 많이 싫었니? 미웠어? 얄미웠니? 징그러웠니? 보기 싫었니? 듣기도 싫었니? 괴로웠니?" (싫음)

☺♥ "동생 때문에 화났니? 속상했니? 마음이 욱했니? 소리치고 싶었니? 밀어버리고 싶었니? 가슴이 터질 듯했니?" (화)

☺♥ "오늘 학교에서 행복했니? 감사한 마음이었니? 만족스러웠니? 가슴속이 따뜻했니? 마음이 편안했니? 미소를 지었어?" (행복감)

더 많은 감정과 더 많은 표현법이 있습니다. 섬세한 감정 표현을 많이 접할수록 아이의 감정 인지력도 높아집니다.

공부의 이유를 알면
공부 고통이 줄어든다

"성적이 낮으면 평생 불행할까?"

왜 공부를 해야 할까요? 공부를 꼭 잘해야만 행복할까요? 그런 의문과 의심을 품지 않는 아이는 없습니다. 쉽지는 않지만, 그런 근본적인 물음에 답해주는 것도 부모가 할 일입니다.

먼저, 뜻밖의 질문으로 시작하는 게 방법입니다. 예상 못 한 질문이 꽁꽁 닫혔던 대화의 문을 엽니다. 이렇게 질문해보는 건 어떨까요?

😌💬 "공부를 꼭 잘해야 행복할까? 네 생각은 어때?"

😌💬 "성적이 낮으면 평생 불행해질까? 어떻게 생각하니?"

정작 아이가 묻고 싶었던 질문이라 아이가 내심 반가워하겠죠.

사실 부모도 학교 성적이 행복을 결정하지 않는다는 사실을 압니다. 성적이 좋은 아이만 행복할 수 있다는 말은 거짓입니다. 그런데 공부의 경험이 행복과 무관한 것도 아닙니다. 둘은 깊은 관련이 있습니다. 공부하느라 애쓰고 좌절하고 성취하면서 우리는 행복에 필요한 능력을 배우기 때문입니다.

삶의 종류에 따라 행복도 여러 유형이 있겠지만, 어떤 유형의 행복이든 필요한 능력은 최소 3가지입니다. 새로운 것을 배우는 학습 능력, 목표를 향하는 노력, 다시 일어나는 용기입니다. 이 능력들은 대기업 직원이나 고위 공무원에게만 필요한 능력이 아닙니다. 커피숍이나 청소 대행 업체처럼 작은 사업을 여는 사람도 새로운 걸 배우고 목표를 향해 노력하고 실패를 이기는 용기가 필요합니다. 일상에서도 마찬가지입니다. 이성 친구를 사귈 때에도, 결혼해서 부모가 되어도 똑같습니다. 새롭게 배우고 노력하며 때로는 좌절을 극복하는 사람이 행복한 연인이 되고 행복한 부모가 될 수 있습니다.

우리는 행복에 필요한 3가지 능력을 공부를 통해서 배웁니다. 낯선 개념과 이론을 익히는 게 공부입니다. 또 목표를 세워서 노력하는 것도 공부의 일부입니다. 실패 후에 다시 시작하는 용기도 공부를 통해 익히게 됩니다. 성적이 행복을 결정하지는 않지만 공부하는 과정에서 행복에 필요한 능력을 배우는 것은 사실입니다. 다만, 공부를 잘해야 행복한 것은 아닙니다.

책 속의 지식들을 죄다 암기한다고 행복이 찾아오지 않습니다. 하지만 공부 과정은 행복을 가르쳐줍니다. 공부하려고 애쓰고 좌절하고 다시 일어나는 사이에 우리의 행복 능력치가 높아집니다. 그래서 성적이 낮더라도 공부에 매진하는 게 인생 낭비가 아닌 것입니다. 설사 최우수 성적을 거두지 못하더라도 공부 끝에 우리는 행복해질 수 있으니까요. 그런 사실을 아이에게 알려줘야 합니다.

아이와 공부에 대해 대화를 할 때 "공부를 왜 해야 할까?"라고 물으면서 시작하는 것이 좋겠죠? 다만, 설명 수준은 아이들이 이해하게 조절할 필요가 있겠습니다. 예를 들어볼게요.

> 😊💬 "공부를 왜 해야 할까? 공부를 하면 새로운 걸 많이 배울 수 있어. 봄여름가을겨울 사계절이 왜 생기는지 교과서에 나와 있어. 어떻게 하면 방귀를 줄일지도 책에 설명이 되어 있어. 책을 읽으면 우주가 언제 멸망할지도 알아서 대비할 수 있게 돼. 책을 열심히 읽어야 해. 그래야 방귀와 우주 멸망에서 너를 지킬 수 있으니까."

> 😊💬 "공부를 왜 해야 하냐고? 더 즐겁게 살기 위해서지. 친구들과 사이 좋게 지내는 방법도 교과서에 있어. 더 재미있는 이야기를 하려면 더 많이 알아야지. 학년도 높아지는데 유치한 이야기만 하면서 놀 수는 없잖아? 책 속에 재미있는 이야기가 아주 많단다."

> 😊💬 "수학 공부를 해서 뭐하냐고? 수학 공부를 하면서 복잡한 생각을 해낼 수 있어. 천재가 될 수도 있어. 도전해볼 생각 없어? 꼭 천재가 아니더라도 똑똑해지고 싶지 않아? 수학은 너의 뇌를 아

주 뛰어나게 만들어주는 과목이야."

만일 위의 질문과 설명이 추상적이어서 아이가 알아듣지 못하면 구체적으로 설명해주는 것도 방법입니다. 아이가 꿈을 이루고 행복해지기 위해서 공부가 얼마나 도움이 되는지 자세히 설명하고 설득하는 것입니다. 예를 들어 이렇게 말하면 될 것입니다.

> "너는 패션모델이 되고 싶다고 했지? 그런데 세계적인 모델이 되려면 영어를 해야 하지 않을까? 또 방송사 카메라 앞에서 말을 조리 있게 해야 하지 않겠니? 그래서 영어 공부를 하고 독서를 해야 하는 거야. 정말 패션모델이 되고 싶다면 책도 놓지 말아야 하는 거야."

> "너는 가수가 되고 싶다고 했지? 그런데 가창력과 외모, 춤 실력만 있으면 가수로 성공할까? 지성이 풍부하지 않은 가수가 인기를 누리는 건 힘들어. 정말 좋은 가수가 되고 싶다면 공부도 해야 하는 거야."

아이들이 단호하게 외면할 엉터리 소리일지 모릅니다. 그래도 부모는 물러설 수 없습니다. 공부를 일찌감치 포기하게 놔둘 수는 없습니다. 공부를 하지 않으면 시험 성적만이 아니라 사고력도 떨어지기 때문입니다. 어떻게든 공부하고 독서하고 생각하는 걸 포기하지 말라고 몸을 낮춰 호소해야 합니다. 다소 아니꼽더라도 꾹 참고 공부의 이유를 다정하게 반복해 말해줘야 합니다. 부모란 배알도 없이 끝까지 인내하는 직업인 걸 어떻게 하겠습니까.

메타인지 독서법으로 나를 이해한다

"네 마음은 어땠니?"

이 책에서 소개한 여러 독서법 중에서 기본이라 더 중요한 내용만 따로 모아서 정리하겠습니다. 아래는 미국 오하이오주립대학교가 발행하는 초등 교사 대상 온라인 잡지 〈펭귄과 북극곰을 넘어서(Beyond Penguins and Polar Bears)〉(beyondpenguins.ehe.osu.edu)에 게재된 글 '메타인지로 시작하는 진정한 독서(Real Reading Begins with Metacognition)'에 소개된 내용입니다. 이 5가지 방법이 바로 메타인지 독서법입니다.

(1) 책 내용을 훑어보고 내용을 예측해본다.
(2) 책 내용을 자기 경험이나 이전에 읽은 다른 책과 연결한다.
(3) 불분명한 것을 해명하는 질문을 만든다.
(4) 자신의 언어로 표현해본다.

(5) 자신의 감상을 말해본다.

기본적인 독서법이 언급되어 있습니다. 그런데 기본이 실행하기가 가장 어렵습니다. 또 기본은 기본이기 때문에 화려한 기술보다더 중요합니다. 이 5가지를 실천해야 독서 수준이 비상할 조건이 마련 됩니다.

첫 번째 방법인, 아이가 독서를 할 때 '책 내용을 훑어보고 내용을 예측하는 것'을 도우려면 이렇게 질문하면 됩니다.

😊💬 "표지와 제목을 보고 책 내용을 예상해볼래?"

😊💬 "목차 중에서 가장 기대되는 건 뭐야?"

😊💬 "해피엔드일까? 아기 곰이 엄마를 다시 만나게 될까?"

😊💬 "그래? 엄마 예상은 달라. 누구 예상이 맞을까?"

책과 아이가 인사하고 친해지는 과정으로, 책 내용을 예측하는 동안 책이 아이 마음에 들어옵니다. 부모의 예상을 말해주면 사람마다 판단이 다르다는 사실을 일찍부터 배우게 되어 유익합니다.

두 번째 방법인 '책 내용을 자기 경험이나 이전에 읽은 다른 책과 연결'하는 것도 중요합니다. 질문으로 도와줄 수 있습니다.

😊💬 "작가의 이전 책과는 어떻게 다르고 어떻게 비슷하니?"

💬 "어린 돼지가 결국 자전거를 잘 타게 되었네. 너도 주인공처럼 노력해서 어려움을 이겨낸 적이 있지? 기분이 어땠어?"

💬 "벌거벗은 임금님은 재봉사의 거짓말에 속았어. 거짓말에 속는 인물이 나오는 책은 또 뭐가 있지? 맞아. 피노키오는 여우에게 속았고, 피리 부는 사나이는 마을 사람들의 거짓 약속에 속았어. 슬픈 일이야. 세상에는 남을 속이는 사람들이 있으니 말이야."

💬 "나쁜 사람에게 속지 않으려면 어떻게 해야 할까? 헛된 걸 바라지 말아야 할 것 같아. 임금님은 현명한 사람으로 보이려는 욕심 때문에 재봉사에게 속았어. 피노키오는 학교에 가기 싫어하고 공짜 돈을 원했기 때문에 속아넘어갔지. 옳지 않은 욕심을 부리면 남에게 쉽게 속게 된다고 엄마는 생각해. 엄마 생각이 맞는 것 같니?"

책만 봐서는 안 됩니다. 책을 읽는 자신의 내면도 돌아봐야 합니다. 자신의 기억과 책 내용의 연관성을 찾으면서 책을 읽는다면 그것이 바로 메타인지 독서입니다.

메타인지 독서의 세 번째 방법은 '불분명한 뜻을 명확히 하기 위한 질문을 하는 것'입니다. 아이가 스스로 질문하면 좋겠지만 부모가 앞서서 이끌어줘도 됩니다.

💬 "'동물원의 펭귄들은 한국의 무더위 때문에 무척 힘들었다'는

문장이 책에 있네. 그런데 무더위가 무슨 뜻일까? 맞아. 3학년 국어 교과서에 나오는 내용이야. 무더위는 '물+더위'에서 생긴 말이래. 물기가 많은 더위라고 생각하면 되지. 습기가 높아서 끈끈하게 더우면 무더위라고 하는 거야. 펭귄들이 여름을 건강하게 나야 할 텐데 걱정이 되는구나."

😊😌 "애국가에서 '동해물과 백두산이 마르고 닳도록'이 무슨 뜻일까?"

😊😌 "《해저 2만 리》에는 '희망은 사람의 가슴속에 단단히 뿌리를 내리는 법이다'라는 문장이 있어. 무슨 뜻인지 짐작할 수 있겠니? 어떤 경우에도 희망은 사라지지 않는다는 뜻인 것 같다. 깊은 바다 같은 절망에 빠져도 희망은 가슴속에 끝까지 남아 있으니까."

막무가내로 책을 읽고 공부해서는 안 되죠. 모호하거나 아예 모르는 것은 없는지 중간중간 확인한 후에 해결하는 절차가 꼭 필요합니다. 그것이 메타인지 독서의 세 번째 방법입니다.

그리고 네 번째 방법은 '자신의 언어로 표현하기'입니다. 책 내용을 녹음기처럼 똑같이 반복할 게 아니라 자기 표현으로 바꿔서 말하는 것입니다. 아래는《행복한 왕자》의 한 대목을 조금 변형한 글입니다.

제비는 왕자와 함께 가난한 사람들을 돕느라고 바빴는데 이상한 게 하나 있었다. 날씨는 점점 추워졌지만 따뜻한 느낌이 들었기 때문이

다. 왕자는 '그건 착한 일을 했기 때문'이라고 설명해줬고 제비는 고개를 끄덕였다.

위 문단의 교훈을 자기 언어로 표현할 수 있다면 대단한 것입니다. 어떤 방법이 있을까요? 아이마다 방법은 다를 텐데, 아래의 3가지 방법도 가능합니다.

(1) 착한 일을 하는 사람의 마음은 언제나 따뜻하다.

(2) 선행을 하면 진정한 행복을 얻을 수 있다.

(3) 나눔은 베푸는 사람에게도 보람 있는 일이다.

책 내용이나 주제를 자기 언어로 표현하는 건 독서 경력이 많은 대학생도 어렵습니다. 천천히 그리고 지속적으로 연습을 시켜야 하겠습니다.

메타인지 독서법의 다섯 번째는 '자기 감상을 말하기'입니다. 아이가 스스로 생각을 만들어내지 못하면 부모가 이끌어낼 수 있습니다.

💬 "《노인과 바다》에서 상어들이 물고기를 다 뜯어먹었을 때 노인은 어떤 마음이었을까? 무척 애를 썼지만 아무것도 얻지 못할 때의 심정은 어떤 것일까? 우리도 비슷한 경험을 해. 그래도 좌절하거나 포기하지 말아야 할 것 같아. 내일은 또다른 희망이 솟

아오를 테니까. 그게 아빠 생각이야. 너는 어떻게 생각해?"

😊💬 "《별주부전》에서 이상한 건 없니? 엄마는 토끼의 숨 참기 능력이 놀랍고도 이상했어. 용궁까지 가는 긴 시간 동안 토끼가 숨을 어떻게 참았을까? 땅 위에 사는 토끼가 숨을 그렇게 오래 참을 수가 없을 텐데. 그게 아주 이상했어."

😊💬 "《왕자와 거지》를 읽으면서 아빠는 아주 궁금한 게 있었어. 왕자와 거지가 일란성 쌍둥이도 아닌데 어떻게 외모가 똑같을 수 있을까? 실제로 그런 일이 있을 수 있을까? 아하, 어쩌면 도플갱어인지도 몰라."

위에서 부모는 자신의 감상을 말했습니다. 책 읽는 동안 마음에 떠오른 것을 언어로 표현한 것입니다. 아이들도 따라할 수 있다면 얼마나 좋을까요? 독서 중 떠오르는 감상을 언어화한다는 건 이해 수준이 높다는 증거입니다.

모든 부모의 절절한 꿈은 자녀의 행복입니다. 그런데 수학 백점이나 영어 만점만으로는 부족합니다. 자신이 어떤 마음을 가졌는지 이해하는 메타인지형 아이가 진정 행복한 삶을 누릴 수 있습니다.

부모의 남다른 질문력

초판 1쇄 발행 | 2023년 02월 10일

지은이 | 정재영
발행인 | 이종원
발행처 | (주)도서출판 길벗
출판사 등록일 | 1990년 12월 24일
주소 | 서울시 마포구 월드컵로 10길 56(서교동)
대표 전화 | 02)332-0931 | 팩스 · 02)323-0586
홈페이지 | www.gilbut.co.kr | 이메일 · gilbut@gilbut.co.kr

기획 및 책임편집 | 최준란(chran71@gilbut.co.kr) | **본문 디자인** · 신세진 | **표지 디자인** · 강은경
제작 · 이준호, 손일순, 이진혁 | **마케팅** · 이수미, 장봉석, 최소영
영업관리 · 김명자, 심선숙, 정경화 | **독자지원** · 윤정아, 최희창

편집 및 교정 · 장도영 프로젝트 | **전산 편집** · 박은비
CTP 출력 및 인쇄 · 영림인쇄 | **제본** · 영림제본

ISBN 979-11-407-0322-7   03590
(길벗 도서번호 050187)

독자의 1초를 아껴주는 정성 길벗출판사

{{{ (주)도서출판 길벗 }}} IT실용, IT/일반 수험서, 경제경영, 취미실용, 인문교양(더퀘스트), 자녀교육 www.gilbut.co.kr
{{{ 길벗이지톡 }}} 어학단행본, 어학수험서 www.gilbut.co.kr
{{{ 길벗스쿨 }}} 국어학습, 수학학습, 어린이교양, 주니어 어학학습, 교과서 www.gilbutschool.co.kr

{{{ 페이스북 }}} www.facebook.com/gilbutzigy
{{{ 트위터 }}} www.twitter.com/gilbutzigy